村镇规划与环境基础设施配置丛书

"十二五"国家科技支撑计划

宜居村镇设施配置技术研究与示范课题 2014BAL04B04 研究成果

宜居村镇设施配置技术指南

李　坤　张坦坦　薛英文　编著

U0210148

中国建筑工业出版社

图书在版编目(CIP)数据

宜居村镇设施配置技术指南/李坤，张坦坦，薛英文
编著. —北京：中国建筑工业出版社，2018.5
（村镇规划与环境基础设施配置丛书）
ISBN 978-7-112-22003-8

Ⅰ.①宜⋯　Ⅱ.①李⋯②张⋯③薛⋯　Ⅲ.①乡村规
划-研究-中国　Ⅳ.①TU982.29

中国版本图书馆 CIP 数据核字(2018)第 061065 号

责任编辑：石枫华　兰丽婷　王　磊
责任校对：芦欣甜

村镇规划与环境基础设施配置丛书
宜居村镇设施配置技术指南
李　坤　张坦坦　薛英文　编著

*

中国建筑工业出版社出版、发行(北京海淀三里河路9号)
各地新华书店、建筑书店经销
北京科地亚盟排版公司制版
北京中科印刷有限公司印刷

*

开本：787×1092毫米　1/16　印张：7½　字数：184千字
2018年6月第一版　2018年6月第一次印刷
定价：**38.00**元
ISBN 978-7-112-22003-8
(31878)

《宜居村镇设施配置技术指南》编写组

编著：（排名不分先后）

李　坤	高级规划师	中国城市建设研究院有限公司
张坦坦	规划师	中国城市建设研究院有限公司
薛英文	副教授	武汉大学

主要参编人员：（排名不分先后）

杨　琼	规划师	中国城市建设研究院有限公司
曹　阳	建筑师	中国城市建设研究院有限公司
史　纪	高级规划师	中国城市建设研究院有限公司
陈大琳	高级工程师	中国城市建设研究院有限公司
王弘宇	副教授	武汉大学

课题组成员：（排名不分先后）

李　远	规划师	中国城市建设研究院有限公司
赵明草	工程师	中国城市建设研究院有限公司
宋文博	规划师	中国城市建设研究院有限公司
李海强	规划师	中国城市建设研究院有限公司
刘　悦	规划师	中国城市建设研究院有限公司
杨小俊	副教授	武汉纺织大学

前　言

　　建设宜居村镇是建设美丽中国的重要行动和途径，是村镇建设工作的主要目标和内容，是推进新型城镇化和美丽乡村建设、生态文明建设的必然要求。

　　为推动宜居村镇建设，推广在此过程中面临的宜居村镇产业发展与空间布局、宜居村镇设施配置等关键环节的技术应用与示范，中国城市建设研究院有限公司、武汉大学等共同编辑出版了《宜居村镇设施配置技术指南》。全书由 3 个技术导则组成，制定了我国宜居村镇在空间布局、公共服务设施配置、内涝防治及雨水资源化利用等方面的关键技术内容。本书的出版旨在促进新技术、新成果、新产品的推广应用，为提高我国宜居型村镇建设水平，提升我国村镇发展的承载功能，促进美丽乡村建设健康发展提供支持与服务。本书是"十二五"国家科技支撑计划宜居村镇设施配置技术研究与示范课题 2014BAL04B04研究成果。

　　《宜居村镇空间布局规划技术导则（草案）》是以改善农村人居环境为目标，针对我国当前村镇建设中的问题和特点，并结合县域乡村建设规划的要求而制定。导则提出了关于宜居村镇乡村聚落空间布局、农宅功能配置、农宅设计及改建等方面的技术引导和标准，有效引导农民建设安全适用、经济美观、节能省地、具有地方特色的村落和住房。由张坦坦、史纪、曹阳等编写。

　　《村镇公共服务设施综合配置技术导则（草案）》是在全面整理各地公共服务设施有关标准、规范的基础之上，深入研究分析宜居村镇公共服务设施的配置水平和要求，通过现状调研、评估及比较研究，结合各地实际情况而制定。导则规定了宜居村镇公共服务设施配置的原则、公共服务设施的分类分级、各类公共服务设施配置标准等技术要点。由李坤、杨琼、陈大琳等编写。

　　《宜居村镇内涝防治及雨水资源化利用规划技术导则（草案）》是在对现有内涝防治及雨水资源化利用规划理论和实践经验进行归纳总结的基础之上，通过完善规划技术体系和标准，并结合实际调研构建而成。导则包括排水防涝能力与内涝风险评估、村镇雨水径流控制、村镇内涝防治及雨水资源化利用规划、规划实施与保障等技术方法和编制程序。由薛英文、王弘宇等编写。

　　本书在编写过程中，参考、援引了部分与村镇建设相关的文章和技术标准内容，在此向有关作者表示衷心的感谢。由于编者水平和时间所限，书中难免存在疏漏之处，恳请广大读者批评指正，以便我们今后的编制工作质量不断提高。

目　录

村镇公共服务设施综合配置技术导则（草案）

宜居村镇内涝防治及雨水资源化利用规划技术导则（草案）

宜居村镇空间布局规划技术导则（草案）

编 制 说 明

　　《宜居村镇空间布局规划技术导则（草案）》是在"十二五"国家科技支撑计划课题"村镇规划和环境基础设施配置关键技术研究与示范"（2014BAL04B04）子课题《宜居村镇空间布局规划关键技术研究》成果的基础上通过实践经验总结及意见征求，修改完善制定。

　　《宜居村镇空间布局规划技术导则（草案）》的内容包括：1总则；2村庄与农宅分类引导；3宜居村镇空间集约化利用通则引导；4宜居村镇乡村聚落空间布局技术引导；5宜居村镇乡土特色营造与保护技术引导；6宜居农宅功能配置技术引导；7宜居农宅设计与改建技术引导。

　　本导则由住房和城乡建设部负责管理，由主编单位负责具体技术内容的解释。

1 总 则

本导则在科学发展观的指引下，从我国农村建设现状出发，阐明宜居村镇规划建设的基本原则和技术途径，可作为各省（区）、市、县建设主管部门进行宜居村镇规划建设管理的指导性文件。

1.1 目的和意义

根据"生产发展、生活富裕、乡风文明、村容整洁、管理民主"和建设节能省地型住房的要求，引导农民建设安全适用、经济美观、节能省地、具有地方特色的村落和住房。

1.2 适用范围

本导则适用于全国范围内具有一定规模（不少于100户）的集中村民居住点，不包括城中村、城郊村等高度城镇化的村庄。可作为编制县域乡村建设规划和村庄规划方面的技术指导。

1.3 术语解释

1.3.1 宜居村镇

宜居村镇是指能够达到环境舒适、生活便宜、健康安全、经济富裕、管理科学、乡风文明六个准则要求，并且综合宜居指数在60分以上的村镇。

1.3.2 乡村聚落

乡村聚落指以聚居为主要功能的村庄建设用地，其空间构成要素包括建筑群落空间、街巷空间及绿地广场等公共环境空间。

1.3.3 宜居农宅

指达到宜居生活标准的农村住宅，包括农房和院落。能够满足农民居住的舒适性、安全性、私密性以及生产经营、邻里交往等需求。

1.3.4 空间布局

宜居村镇的空间布局是指通过对自然资源和社会经济条件的综合研究，从自然、社会、环境效益出发，对村镇内部的各种空间要素进行布置，形成不同的空间格局。本导则中空间布局包括两个层面的含义，一是指对乡村聚落中的建筑群落、公共空间、景观风貌等要素进行安排；二是指对农宅内部的居住、生产、仓储等功能要素进行配置和安排，形成功能健全、布局合理、环境优美、适宜居住的宜居村镇。

1.4 基 本 原 则

1.4.1 因地制宜，体现特色

依据不同的地形条件、不同地域气候特点对村镇空间进行优化配置。对应不同类型的村庄采取有针对性的布局配置技术，不可盲目照搬。突出地方乡土特色，在乡村景观风貌营造和农房材料选用、施工工艺等方面予以体现。

1.4.2 以人为本,和谐宜居

把人居环境和自然生态保护放在首要位置,坚持以人为本、与自然和谐的原则。集约利用土地,合理布局公共开放空间,村镇空间及农房院落尺度应满足功能使用和舒适度需求,整治村容村貌,创造宜居环境。尊重农民意愿,广泛动员农民参与宜居村镇建设项目的组织实施。

1.4.3 样板带动,典型示范

选取基础较好的村镇开展试点,形成样板效应,以点带面,有序推进,带动新农村全面宜居建设,提升农村地区的生产生活环境,提高农村居民的幸福感和农村的宜居水平。

2 村庄与农宅分类引导

2.1 村庄分类

2.1.1 按照地形地貌划分

1 平原地区村庄

地势低平，起伏和缓，相对高度一般不超过50m，坡度在5°以下的村庄。

2 山地丘陵地区村庄

丘陵地区村庄指坡度缓和，地面崎岖不平，相对高度一般不超过200m，坡度在3％～25％的村庄；山地地区村庄指坡度陡、起伏大，相对高度一般在200m以上，坡度大于25％的村庄。

3 水网地区村庄

指河、湖、塘等水体资源较多，河流密度达3～4km/km²，河道呈网格状分布的村庄。

2.1.2 按照气候分区划分

1 严寒地区：黑龙江、吉林全境，辽宁大部，内蒙古中北部及陕西、山西、河北、北京北部的部分地区；青海全境、西藏大部、甘肃西南部、新疆南部部分地区；新疆大部、甘肃北部、内蒙古西部。

2 寒冷地区：天津、山东、宁夏全境，北京、河北、山西、陕西大部，辽宁南部，甘肃中东部以及河南、安徽、江苏北部的部分地区；四川西部、西藏南部；新疆南部。

3 炎热地区：上海、浙江、江西、湖北、湖南全境，江苏、安徽、四川大部，陕西、河南南部，贵州东部，福建、广东、广西北部和甘肃南部的部分地区；海南、台湾全境、福建南部、广东、广西大部以及云南西部。

4 亚热带温润地区：云南大部、贵州、四川西南部、西藏南部一小部分地区。

2.1.3 按照建设及整治方式划分

1 保留保护型村庄

各级历史文化名村（包括生态控制区和风景区内的村庄），以及其他拥有值得保护利用的自然或文化资源的村落，如拥有优秀历史文化遗存、独特形态格局或浓郁地域民俗风情的少数民族聚居村庄。

2 改建扩建型村庄

现有一定的建设规模，具有较好的对外交通条件和一定的居住设施建设，对保留部分可实施渐进式更新改造，同时其周边用地能够满足扩建及迁村并点需求的村庄。

3 新建型村庄

由于生产方式的转变、发展条件的限制或其他特殊情况的影响，需要整体或分批搬迁至其他居民点或集中安置点的村庄，如移民建村、灾后安置、生态保护（处于生态敏感区）及其他有利于村民生产、生活和经济发展而新建的村庄。

　　本导则所研究的新建型村庄应结合实际条件和需求进行技术方法创新。除由于地质灾害、移民工程等特殊原因需另辟新址之外，普通迁村并点涉及的新建型村庄应结合旧村改造进行集中居民点建设，这样不仅可以节约规划实施成本，并且尊重村庄内在演变规律，便于传统村落形态保持与乡土文化保护。

2.2　农　宅　分　类

　　按照农户从事的产业类型，将农宅分为普通型、商住混合型、家庭作坊型和家庭旅馆型。

2.2.1　普通型农宅适于从事传统农业生产的农户。

2.2.2　商住混合型农宅适于从事家庭商业经营类产业的农户。

2.2.3　家庭作坊型农宅适于从事制造加工等第二产业的农户。

2.2.4　家庭旅馆型农宅适于从事旅游接待等服务业的农户。

3 宜居村镇空间集约化利用通则引导

3.1 村庄建设用地集约化利用通则

按照节约土地、设施配套、节能环保、突出特色的原则，做好乡村建设规划，合理提高土地的容积率与建筑密度，有效控制农村人均建设用地指标。合理组织住宅、道路、公共空间、公共服务设施的配置，对居住空间和生产空间进行合理分区，将农业生产半径控制在 $1\sim2km^2$，引导农民合理建设住宅，提倡单元式多层住宅，控制低层住宅建设。

3.2 宅基地集约化利用通则

3.2.1 对村庄两处占地占房和宅基地空置现象进行整治，严格执行"一户一宅"政策，宅基地面积不得超过所在地区标准。如需另址新建农房，原宅基地要还耕或作为他人宅基用地或公益设施用地。

3.2.2 对分散农舍进行归并和整合，稳妥推进农民宅基地置换试点；对村庄内废弃的危旧房或其他闲置附属用房进行拆除，用于公益性设施或绿化景观的建设，质量较好的闲置房或附属用房可根据规划进行改造利用。

3.2.3 按照生态宜居、布局紧凑、尊重农户意愿的原则合理配置农宅用地结构，住宅空间比例宜控制在30％左右，生产用地比例宜控制在20％左右，住宅集中建设于宅基地某个方位角（居于中间不利于其他用地布局），建筑层数不低于两层，庭院内设置农用机具等车辆停车位，储粮室、菜地、畜舍分均到户，宜种植可食用的林果木代替景观性树木。

图 3.2.3　集约型宅基地空间配置模式示意图

4 宜居村镇乡村聚落空间布局技术引导

4.1 不同类型村庄建筑群落空间布局技术引导

4.1.1 平原地区村庄

1 建筑群落宜采用集中型布局，建筑与院落的布置形式应与网格式道路相适应，整体布局规整紧凑，同时应尊重村庄传统的建筑肌理。图4.1.1为平原地区村庄建筑群落空间布局模式。

2 村庄根据人口规模可形成一个或多个住宅组团，住宅建筑应避免单一、呆板的布局方式，空间围合丰富，户型设计多样。

3 公共建筑宜集中布置于住宅组团之间，可少量分散于各个住宅组团内。建筑规模和类型应根据村庄人口及村民分布状况进行合理配置。公益性公共建筑（如村委会、文化站、卫生站、学校等）宜集中布置，形成村庄公共服务中心，旅游服务类建筑可结合村庄入口处或公共服务中心布置。

4 建筑群落应结合村镇景观、公共空间及生态环境等要素统一布局，公共建筑周边宜组织公共绿地和广场，形成村庄公共活动空间，同时利用公共绿地联系各个居住组团，使整体布局更加规整紧凑。

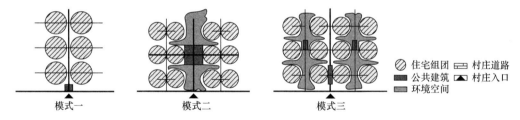

图 4.1.1　平原地区村庄建筑群落空间布局模式

4.1.2 山地丘陵地区村庄

1 建筑群落宜采用散列型布局，建筑与院落的布置形式应适应地形的变化，充分尊重地形地貌条件，不应进行大规模场地平整。图4.1.2为山地丘陵地区村庄建筑群落空间布局模式。

2 村庄根据地形条件形成多个规模较小、布局相对分散的住宅组团，各个组团应依所处地形和高差不同形成独自特色，住宅建筑应采取灵活多样的组合形式，随山体和道路走向成自由式和行列式布局。

3 公共建筑由于地形条件所限，难以进行集中和规模化布局。从宜居生活的便利角度出发，村级公共服务设施宜结合村庄主要道路布局，形成相对集聚的公共建筑群，次级公共服务设施可分散布置于各个住宅组团内。建筑规模和类型应根据村庄人口及村民分布状况进行合理配置，旅游服务类建筑可结合村庄入口处或景区附近形成旅游服务组团。

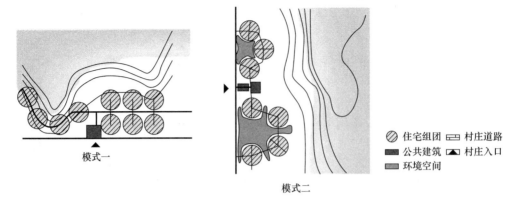

图 4.1.2 山地丘陵地区村庄建筑群落空间布局模式

4   建筑群落应与生态环境有机融合，在各个住宅组团之间及靠近山体的边界地带布置开敞绿地，增强组团间的联系性和景观渗透性。

4.1.3   水网地区村庄

1   建筑群落宜采用组团型布局，建筑与院落的布置形式应与河网及道路网相适应，不应破坏原有水乡肌理。图 4.1.3 为水网地区村庄建筑群落空间布局模式。

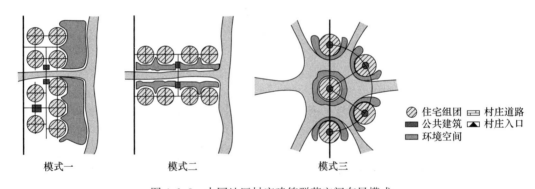

图 4.1.3   水网地区村庄建筑群落空间布局模式

2   村庄根据河网分割形成两个以上相对独立的住宅组团，对原有布局分散的住宅群落进行适度整合，形成合理的组团规模。住宅建筑群落应结合滨水环境进行布局，根据不同水体形态，可形成水湾式、水街式、岛屿式三种布局模式。严格控制住宅建筑对岸线的占用，保持岸线的通透性。

3   公共建筑分布于各个住宅组团中，并结合串联组团的主要道路布局，建筑规模和类型应根据村庄人口及村民分布状况进行合理配置。公益性公共建筑（如村委会、文化站、卫生站、学校等）宜布置在河网交汇且交通便利处，形成村庄公共服务中心；合理控制公共建筑布局与生活性岸线的关系，形成丰富的滨水公共空间；旅游服务类建筑可结合公共服务中心布置或结合生态环境良好的区域形成旅游服务组团。

4   合理组织建筑群落与水体、道路、绿化景观的关系，利用建筑与驳岸之间的空间组织公共绿地和道路，在重要公共建筑（如村委会、文化站）及历史保护建筑周边应布置相应规模的广场，作为村庄公共活动空间及交往空间。

4.2 街巷空间布局技术引导

4.2.1 街巷空间的宜居性设计原则

1 符合基本要求的安全性原则

安全是衡量宜居性的重要指标之一，村庄内部的道路和街巷同村民的起居息息相关，道路空间规划设计应符合安全性的基本要求。通过设置稳静化的道路铺装，以耐磨、坚固、噪声小的材质作为减速设施，起到控制车速的作用，同时为行人、自行车等通行留出空间。

2 兼顾交通与交往的空间多元性原则

在村庄道路空间的规划设计中，不应该盲目效仿城市而一味地拓宽道路来满足日益增长的交通流量，要注意为村民留足生活交往的空间，建立多元化的道路空间。

3 保持村庄风貌特色的景观性原则

村庄道路空间设计要满足村民生活交往及村庄的景观环境要求。道路空间应注重为村民保留和设置日常交往的空间场所，使村庄地区的生态风貌、人文景观、肌理结构得以延续，保护并突出村庄的特色。

4.2.2 街巷空间设计引导

1 空间尺度设计

根据通行能力和空间的宜人性，村庄主要道路路面宽度应控制在7~10m，街道宽高比宜控制在1:1~2:1；巷道宽度应控制在3~5m，街道宽高比不宜大于1:1。在传统村落的保护修复和建设中，应注意街巷空间尺度的变化，形成曲折多变和收放自如的街巷空间，以更好地保护古村落的传统特色。

2 街道界面及环境设计

村庄主要道路空间宜形成相对开敞和丰富的界面，加强两侧的绿化以改善环境品质，通过加宽人行道空间以营造宜人的步行空间，并在宅前空间设置恰当的休息设施，满足村民的使用需求，保证步行、停留、日常交往及游憩界面的舒适性和安全性；巷道空间则宜形成相对封闭和简洁的界面，在尊重现状街巷肌理和空间格局的前提下，适当增加绿化景观和小型游憩空间，营造宜人的步行和交往环境。规划要注重保持沿街建筑在立面形式、建筑材料、建筑色彩方面的统一性、连续性和视觉景观的完整性。对于与历史风貌不相协调的建筑要采取拆除或更新改建等措施加以改造，使传统街巷立面得到延续。

3 道路铺装

主要道路路面宜采用沥青混凝土路面、水泥混凝土路面；巷道宜采用石板路，可以采

图 4.2.2-1 村庄主要道路空间尺度示意图

图 4.2.2-2　村庄巷道空间尺度示意图

用多样化的铺装，如青砖、方石、弹石等。在历史村落中，应保持和采用当地传统的建筑材料和铺装形式，以突出传统风貌特色。

4.3　公共环境空间布局技术引导

4.3.1　规模及指标控制要求

全村绿化覆盖率不应小于 35%；路旁两侧、水旁宜林地段绿化率达 80% 以上；村内至少建设一处 200m² 以上的休闲公园；公园及广场总面积应大于 500m²；村庄人均公共绿地指标宜控制在 4～6m²；人均公共活动场地面积控制在人均 1m²。

4.3.2　门户空间节点设计引导

规划应注重村庄门户形象建设。可视具体情况选建村门、柱廊、碑石来标示村名和标定村庄界线，并以具有导向性的绿化、灯杆或建筑小品导入村庄。尚无入口广场的村庄应结合其景观风貌特色设计休闲广场，并设置座椅、健身器材等休闲设施。对于传统村落应以保护和整治为主，保护现有村口的空间格局和古树、牌坊等环境要素，对破损的构筑物和环境小品应按原貌进行修复，同时通过整治卫生环境、增加绿化空间提升环境品质。

4.3.3　中心节点空间设计引导

中心节点空间应与村庄主要道路相邻；应结合村庄公共建筑及公共活动场所布局，形成一定规模的广场或公园；通过雕塑墙、灯柱、指示牌等环境要素提炼文化精髓，发挥教育、传承的作用。传统村落中，依附于寺庙或宗祠的广场或绿地应具有纪念性，景观小品和铺装应与历史建筑相协调，进行商业活动的市集应集中设置，减少占道经营的现象；新农村建设中，中心节点空间宜与公益型公共建筑（如文化站、老年活动中心等）相结合进行布局，通过绿化和景观小品的设计更好地提升村庄公共中心的形象和地位。

4.3.4　一般节点空间设计引导

规划中应充分利用街巷交叉口和宅前空间等空地，以小尺度绿化景观为主，见缝插绿，并配置休闲设施，改善村民的生活环境品质，形成小型的公共活动集聚地；桥梁的形式与跨度应根据地形地貌和地域文化特色而确定，与村容村貌相协调，结合驳岸和台阁设计形成形式丰富的桥空间；用于生产的场院空间应集中设置于村庄边缘，禁止利用道路空间进行堆放和晾晒。

5 宜居村镇乡土特色营造与保护技术引导

5.1 不同类型村庄的乡土特色景观营造技术引导

5.1.1 基本原则

1 生态完整性原则

保护景观生态格局的完整性和生态肌理的延续，严格控制对地形地貌的破坏，尊重原有山水格局，协调村庄与周边环境的图底关系。统筹考虑村民生产、生活、生态需要，避免生产、生活与自然的分离。适度控制旅游开发强度，并使旅游设施的风格和体量与环境相协调。实现"居住在林中、生产在绿中、生活在景中"的乡村生态格局。

2 城乡差异性原则

按照乡村的民俗文化、地形地貌、环境植被等具体地域特点引导村庄形态，在充分尊重文化传统、自然环境的基础上，形成显著区别于城市的景观风貌。

3 经济适用性原则

在利用绿化环境美化乡村的同时，将生态效益和经济效益结合起来，保护和利用现有树木和植被，建设中优先考虑成本低、适应性强的本地乡土树种，同时兼顾农林经济的发展，使绿化成为农民致富的重要途径之一。

4 乡土和谐性原则

注重村落景观的本土性和原生态风貌，控制人工景观的尺度和比重。同时挖掘地方特色，在总体环境和节点景观营造上充分利用当地乡土元素，就地取材，构建和谐自然的地域特色风貌。

5.1.2 保留保护型村庄

1 自然景观

尊重原有山水格局，协调村庄与周边环境的图底关系。严格控制建设行为对地形的破坏，保证地形地貌的完整和连续性。保护和更新村庄内的林地农田，发挥涵养水源的生态功能。适度控制旅游开发强度，使游览设施风格及体量与自然环境相协调。

2 园林景观

在绿化种植上，充分利用和保护古树名木，结合民俗文化空间在其周围种植各种树木花草，形成景观节点，提升文化内涵。多运用人文象征的植物，如梅、兰、竹、菊、松、竹等。在村口、村委、祠堂等公共区域布置相对疏朗、色彩丰富的植物，绿化空间兼顾活动场所的功能；硬质铺装应延续村庄原有材质，多使用具有传统特色的石材铺地，并结合地雕等纹样活跃环境空间；景观小品的设计应与村庄民俗旅游相结合，注重历史文化内涵的塑造，材料、主题的选择应体现历史纪念性和地方特色宣传性。

3 建筑景观

注重保护建筑肌理，传承建筑文化，对具有传统建筑风格和历史文化价值的古民居、祠堂和纪念性建筑等文化遗产进行重点保护和修缮，对风格和尺度与村庄传统风貌不协调的建筑予以拆除和改造。新建建筑应统一规划建设，造型和材料与传统建筑风貌相协调，建筑细部应采用传统建造工艺，彰显村庄历史文化的底蕴。

5.1.3 改造扩建型村庄

1 自然景观

旧村改造应尊重原有山水格局，协调村庄与周边环境的图底关系。严格控制建设行为对地形的破坏，保证地形地貌的完整性和连续性。新村扩建选址应遵循"安全、省地"的原则，结合自然环境、顺应地形地貌，尽量不占或少占优质农田，避让自然保护区、风景名胜区等生态敏感区域。依山而建的村庄应对山上的植被进行保护和更新，以保持水土，减少滑坡、崩塌等地质灾害。临水而建的村庄应控制建设边界与河流的距离，沿河应以农田、绿带或林带的形式营建生态廊道，保持河道两侧景观的丰富度和乡土气息。村庄可以利用农业景观资源发展生态农业和观光休闲旅游。

2 园林景观

在绿化种植上，旧村尽可能保留村庄原有的绿化景观，局部杂草修整即可。新村扩建应选择易于当地生存的树种，以茂密高大乔木为主，辅以灌木、草本植物。村内活动场所、道路、宅旁与水旁，采用乔、灌、草合理搭配，形成多层次、错落有致、亲切宜人的绿色空间。宅旁以小尺度绿化景观为主，见缝插绿，庭院院墙可种植攀缘植物作为垂直绿化。硬质铺装宜结合当地特色，以简单朴素的石材为主，活动空间地面可考虑嵌草地砖形式材料。景观小品应体现村庄的产业及文化特色，可在村口或中心广场设置具有教育性和宣传性的雕塑、灯柱、景墙等，提升村庄的文化品位及精神面貌。

3 建筑景观

旧村改造要注重保护和延续原有建筑格局及地方特色。对现有建筑进行质量评价，确定保护、整饰、拆除的建筑，统一建筑元素和色彩，加强建筑的整体性和相互协调性。新村扩建应充分考虑与旧村的建设关系，合理延续原有的建筑肌理，在空间形态上保持良好衔接。建筑造型可选择简洁朴素的现代风格，但色彩、体量、细部元素要与旧建筑协调统一，体现乡土风情。

5.1.4 新建型村庄

1 自然景观

参照新村扩建型模式。

2 园林景观

由于异地新建，在植物配置上应因地制宜，选择适合当地气候特征、土壤环境的植物种类，新型农村社区应考虑把乔木、灌木、花草相互结合，突出四季特色，丰富社区色彩，在街道与房屋外的过渡地带种植蔬菜和林果，使社区街道景观更具田园风光；在景观节点的设计中应考虑民风民俗、历史文脉等，广场空间不仅具有现代休闲娱乐功能外，还应满足村民进行传统活动及生产活动的需求；硬质铺装应与周边环境和建筑相协调，材质以砖、石、水泥、沥青为主，图案和纹样根据不同功能的场所而变化，在出入口、社区中心区域，有醒目的提示和引导作用；景观小品的塑造以传统乡村日常生活中的器具和物件为原型，提取乡土特色要素，抽象为雕塑、构筑物等，同时融入现代风格，为新型社区的建设带来独特的精神内涵和强烈的艺术感染力。

3 建筑景观

住宅形式以多层联排为主，通过不同高度的建筑单体相互拼接组合获得丰富的空间层次效果，整体营造出井然有序而又灵活自由的新村风貌。建筑造型及色彩应以现代、明朗、动感为主，同时在建筑细部注意保留和延续传统农村住宅元素，充分体现浓郁乡风民情和时代特征。

5.2 乡土文化遗产保护通则

5.2.1 保护原则

1 原真性原则

原真性是历史文化遗产价值的基础，是乡土特色保护的依据所在。村落中的古建筑在修复中应做到最低限度的干预，使用原材料及传统技术，保持古建筑的原真性。对于一些非物质文化遗产应保持其原有的文化内涵，杜绝伪文化、虚文化的出现。

2 整体性原则

村庄保护强调空间格局与人文环境及人类行为的统一性和不可分割性。村庄的自然环境、聚落空间、非物质文化遗产共同形成村庄的乡土特色，因此在村庄保护中，必须坚持其组成要素与整体之间的联系，既要关注作为村庄发展背景的整体自然环境，同时也要保护村庄所具有的历史文化、传统生活习俗、邻里关系等非物质文化遗产，以保持村庄风貌的完整协调性。

3 新老建筑相协调原则

老建筑是反应村庄历史文化价值和传统风貌的核心所在，这就要求新建筑应该从建筑体量、色彩、形式等方面与老建筑相协调，以保持和维护村庄所代表的一定历史时期建筑风貌的主导特征，使乡土特色得以保护和延续。

4 保护与发展互促原则

保护的目的是为了保证文化遗产不受破坏，为一定历史文化时期提供真实见证。但保护并不是静态保守的，而应该与当地的经济发展相结合，健康适度的旅游开发不仅不会对村庄造成破坏，还会对乡土特色的保护和展示起到促进作用。

5.2.2 乡土特色的保护要求

1 划定保护范围

（1）根据文物古迹、古建筑、传统街区的分布范围，并结合村庄现状用地规模、地形地貌及周围环境影响因素等划定保护范围。确保历史文化及乡土特色景观得到有力保护。

（2）对于历史文化遗产丰富的传统村落应按照国家《历史文化名城、名镇、名村保护条例》及其他相关法律法规的规定划定保护范围。

2 物质文化遗产保护要求

（1）空间整治，即对具体空间布局提出整治方案，确定具体建筑的平面形状、位置以及小品的设计和布置等；建筑整治，即对具体建筑的立面和门、窗、屋顶等建筑构件提出相应保护和整治要求。

（2）对于历史文化遗产丰富的传统村落应按照国家《历史文化名城、名镇、名村保护条例》及其他相关法律法规的规定提出保护与整治措施。

3   非物质文化遗产保护要求

（1）提高村民对非物质文化遗产保护的意识。通过采用一些喜闻乐见的形式，对他们进行非物质文化遗产知识的普及和宣传，例如利用每年"文化遗产日"，举办一些展出活动，或者邀请相关方面的专家进行讲座等，让保护非物质文化遗产成为全体村民的自觉行动。

（2）以物质文化遗产保护带动对非物质文化遗产的保护。非物质文化遗产的保存需要相应的场所空间，通过把某些历史建筑和人文遗迹等有形的物质开发成旅游吸引物，可以带动其中蕴含的非物质文化被重视和激活 。围绕具有特色的非物质文化遗产进行挖掘、整理和旅游开发，有利于遗产保护工作的开展，并推动村庄产业升级和精神文明建设的进一步发展。

6 宜居农宅功能配置技术引导

6.1 功能单元配置原则

6.1.1 生产与生活分区

凡是对生活环境有较为严重影响的生产功能，在平面布局时应将其布置在建筑之外，对于无污染或污染较小的生产空间，可以纳入住宅内部。

6.1.2 公共空间与私密空间分区

公共空间包括起居室，餐厅，过厅等，与之相对的是为家庭成员私密性活动所提供的空间，如卧室、书房等。它能充分反应家庭成员的个体需求，并使家庭成员能在亲密之外保持适度的距离，维护个人的必要自由和尊严。为避免干扰，私密空间应当与公共活动空间有一定隔离，保证其私密性。

6.1.3 生理分室

根据家庭成员的性别、年龄、人数、辈分、关系等因素进行分室。如子女到一定年龄（6～8 岁）与父母分室就寝，不同性别的子女到一定年龄（12～15 岁）应分室居住，同性别子女，到一定年龄（15～18 岁）也应分室生活。

6.1.4 尊重传统

继承农村住宅中合理的功能布局传统，如以厅堂为中心、内外分离等。

6.2 功能单元设计要点

6.2.1 住宅

1 厅堂设计要点

（1）农宅的客厅数量通常多于城市住宅，住宅各层均可设置。底层客厅一般位于房屋中间，是对外展示和交流的窗口，也是家庭成员交流的中心。由于特殊功能的需要（如操办婚丧嫁娶），其空间面积一般较大，最大开间以 4.5m 为宜。

（2）某些村庄按照地方习俗在厅堂正对大门处设置祭祖台。

（3）尽量减少厅堂墙面开洞，以便留出较多实用空间，利于创造相对舒适的会客环境。

（4）上层客厅，即起居室，其功能为满足家庭内部人员的日常公共活动，面积可灵活设置。

（5）餐厅与客厅可以合为一个空间。可考虑用盆花、屏风、书架或博古架来进行分隔，形成两个相通又适当分隔的空间。图 6.2.1-1 为几种就餐空间形式。

（6）客厅作为住宅中的首要功能，应考虑好的朝向和景观性。

2 卧室设计要点

（1）卧室面积不宜过大，开间和进深应满足合适的比例，面积满足基本的尺度关系，如表 6.2.1 所示。

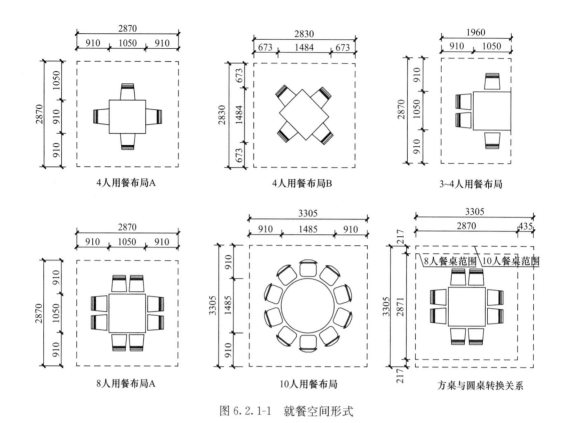

图 6.2.1-1　就餐空间形式

卧室面积尺度要求　　　　　　　　　　　　　　　　　表 6.2.1

卧室面积低限规定	双人卧室	10m²
	单人卧室	6m²
垂直分户	主卧室	A—12m²　　B—14m² C—14m²
	次卧室	A—18m²　　B—9m² C—12m²
水平分户	主卧室	A—12m²　　B—13m² C—14m²
	次卧室	A—8m²　　B—8m² C—10m²

（2）卧室应满足并协调基本的使用和储物要求，房间应尽量保持方整性，以方便房间的使用。

（3）老年人卧室设计要充分考虑到满足居民步入老年后各个年龄段的基本生活需求。老年人卧室应选择朝阳的位置，充分考虑老年人使用中的空间尺寸与便利程度，确保使用的安全性；老年人卧室的空间与使用设施要注重细部的设计，应符合老年人的生理特点。老年人卧室家具宜采用陈列式的布局，尽可能靠墙放置，避免造成室内通行的不便。图 6.2.1-2 为老年人卧室空间布局图。

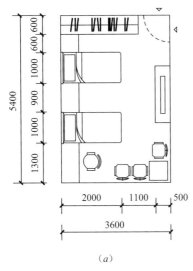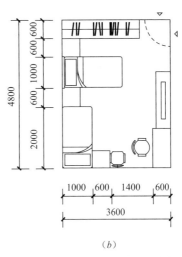

（a）

（b）

适合有两个老年人的家庭或一老年人与一陪护人员，设有书桌和小沙发，满足老年人休憩看报需求。

适合需要乘坐轮椅的老年人和陪护人员居住，除满足老人休憩的一般需求外，在房间中间为轮椅的移动预留了足够的空间。

图 6.2.1-2 老年人卧室空间布局图

注：标注尺寸为净宽，黑色箭头表示进入房间的方向，1/4 圆弧表示门扇开启范围

3 厨房设计要点（图 6.2.1-3）

（1）单墙式

单墙式布局是将灶具和橱柜等按"洗、切、烧"顺序布置在厨房一侧，这种布置方式适合窄而长的厨房，其优点在于"洗、切、烧"三个厨房工作中心位于一条直线上，但其操作线不宜超过 6.6m。

（2）走廊式

农村中采用走廊式布置的厨房，常将柴灶与其他灶具分别布置在厨房两长边上，形成较为独立的两套系统，较符合农村中使用多种灶具的情况。两侧操作台之间通道的宽度应在 1.2～1.7m，以满足操作时的通行需求，适用于有一定开间尺寸而又比较狭长的厨房。

（3）L 形

农村中 L 形厨房是将柴灶和其他灶具分置在"L"的两端，洗池、冰箱等其他空间集中在"L"的长边上，转角处的橱柜应注意处理，以提高使用率。

（4）U 形

U 形厨房是将灶具、操作台等沿厨房内相邻的三个墙面连续布置，空间利用率高、布置较为灵活，集中了走廊式和"L"形厨房的优点，转角处较多，可作为储物空间处理。

4 卫生间设计要点

在宜居农宅的卫生间设计中，应当根据其具体功能进行布置设计。其中包括洗面、梳妆、洗浴、便溺、洗衣等功能。其中洗面、梳妆与便溺为必不可少的功能，根据其使用功能提取出最小占用空间尺寸如图 6.2.1-4 所示。

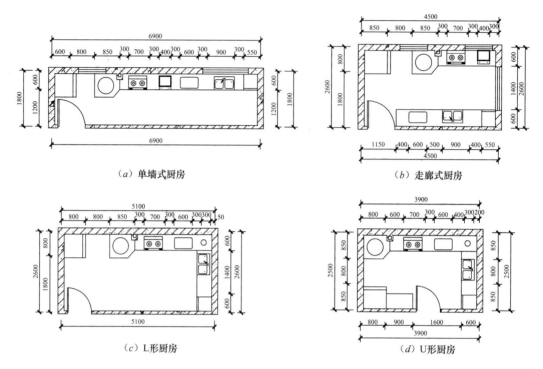

（a）单墙式厨房　　　　　　　　　　　（b）走廊式厨房

（c）L形厨房　　　　　　　　　　　　（d）U形厨房

图 6.2.1-3　厨房空间类型图

6.2.2　院落

1　生产区设计要点

（1）生产是院落中的重要功能，包括晾晒谷物、小面积种植、饲养等农副业生产及手工业制造等。

（2）对农户住宅基本没有影响的生产活动，如晾晒、种植、饲养等，无需设置特定的室内空间，考虑在院落中安排纺织生产工具的空间即可。

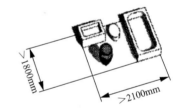

图 6.2.1-4　卫生间最小空间尺寸图

（3）对农户住宅有一定影响，但可以通过对住宅空间进行扩建或者改造来满足生产空间要求的生产活动，如提供食宿服务的农家乐或家庭手工作坊等应根据需求在院落中进行扩建或结合住宅房间进行改造。

（4）对农户住宅有较大影响的生产活动，因工艺复杂、设备较多或原材料超尺寸、有异味等原因，适宜在院落中建设一处独立的生产空间，并与居住空间进行一定的隔离。如有较多设备、要用到较长木料的木工作坊，工艺较为复杂的豆腐作坊等。

2　仓储区设计要点

（1）对于大中型用具的储放，应尽可能地集中存放在临近作业地点的集体仓库中，从而与居住场所分离开。

（2）对于小型的生产用具，宜在院落中设计专用储藏间，并与生活空间分隔。

（3）对于一般生活用品，宜考虑在院落中设置临近住宅的小型储藏间或在房间中预留一定面积的储藏空间，同时储藏间还要有对外的直接出入口以方便搬运物品。

（4）对于机动车和非机动车，宜在院落邻近入口处设置停车库或与生产用具合并存放。

6.3 不同类型农宅功能单元配置技术引导

6.3.1 普通型住宅

1 功能单元配置要求

（1）随着人们生活水平的提高，功能空间需增加书房、客卧、家务室、活动室等附加功能空间。

（2）宜居农村住宅出现了交通空间，把各个功能空间联系起来；并且住宅的出入口分为两个，主出入口主要用于家人的出行和接待客人；次出入口主要设在厨房内，方便食物原料直接进入厨房。

（3）家庭的主要活动中心转移到客厅。

（4）各功能空间的专用度增强，客厅与起居厅、主卧室与客卧分设。

2 设计要点

（1）平面组合形状要整齐，尽量减少面宽，增大进深；户型人均宅基地面积、人均建筑面积宜分别尽量控制在各省市地区文件要求之内，利于节能节地。

（2）一般客厅、厨房、餐厅位于住宅的底层，三者的位置关系影响了住宅平面组合的类型，处理好三者的关系及主入口的确定至关重要；厨房和卫生间两者管线复杂，两者的位置关系到住宅的建设成本，同样很重要；但要避免卫生间的门直接开向客厅、厨房和餐厅。

（3）新型农村住宅空间类型必须配置完全且各功能空间要有合适的面积和符合人体生理的尺度，客厅、起居室、卧室、餐厅、厨房、卫生间长短边之比≤1.8。

（4）各功能空间及划分要有高度的灵活性、可改性、多功能性；尽量做到每个功能空间有良好的采光通风，尽量不做暗卫生间。

（5）综合考虑各功能空间的位置关系和交通流线，减少交通面积，提高使用面积，避免户内不同流线的交叉。

（6）住宅宜选择建筑容积率大的，层数为2层，开间数量为2间的并联式住宅或联排式住宅，限制选择独立式住宅。

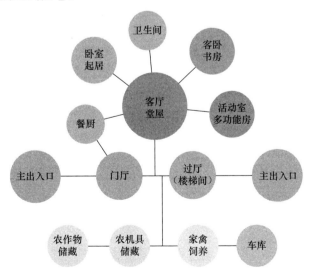

图 6.3.1 农业型农房单元配置（一）

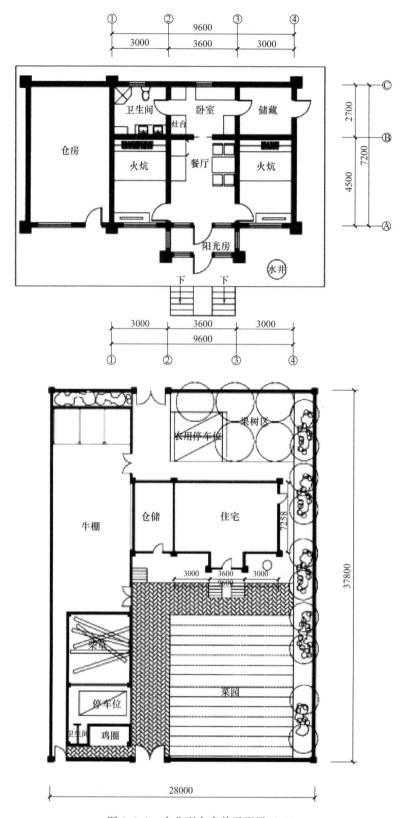

图 6.3.1　农业型农房单元配置（二）

6.3.2 商住混合型住宅

1 功能单元配置要求

（1）居住部分包括基本的起居、卧室、就餐、厨房等空间。

（2）小型商品经营部分包括基本经营空间、展示空间、简单加工处理空间、经营用储藏空间、清洁空间等。其中，经营空间主要为对外经营，公共性较强，一般面向沿街方向。

2 设计要点

（1）根据生产生活分区的原理，借鉴下店上宅的做法，对小商品经营空间与居住空间进行分层设置，以避免干扰。

（2）经营空间中的公共部分（如经营空间、展示空间、制作空间）和非公共部分（如清洁空间、储藏空间）应有区分，可设置前后两个入口以避免经营流线与居住流线的交叉干扰。经营空间应配置单独的卫生清洁空间，便于洁污分区。

（3）居住空间应符合居住空间的基本组织和分区原则。

（4）由经营空间到居住空间可由内庭院和垂直楼梯作为过渡。

6.3.3 家庭作坊型住宅

1 功能单元配置要求

（1）房屋的主要功能既要满足基本的居住生活需求，又要满足作为生产空间的需要。如手工业作坊、服装加工作坊、食品加工作坊、零配件加工作坊等。作坊的空间单元包括：基本生产加工区、原料仓储区、产品仓储区、清洁区等。

（2）作坊与生活空间之间应通过过渡空间或辅助空间进行一定的区隔，这种区隔可以是平面上的区隔，也可以是竖向空间上的区隔。两部分功能应有分别独立的出入口。

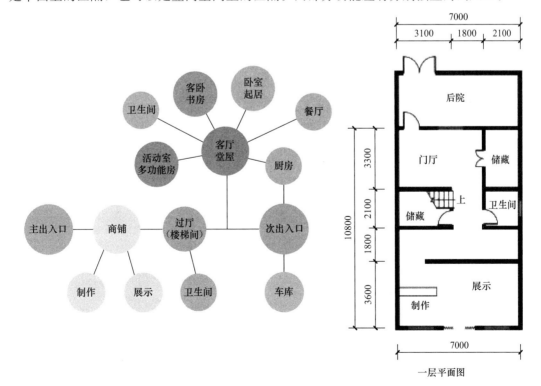

图 6.3.2-1 商住混合型农房单元配置（一）

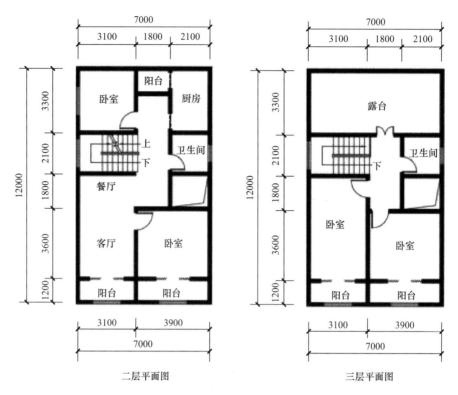

二层平面图　　　　　　　　　三层平面图

图 6.3.2-2　商住混合型农房单元配置（二）

2　设计要点

（1）根据生产生活分区的原理，或采用一层为作坊、二层及以上为生活空间的方式，或采用在院落一侧独立设置作坊的方式。

（2）作坊应设置独立的出入口，与居住形成一定的区隔。

（3）由生产空间到居住空间可由内庭院和垂直楼梯作为过渡。

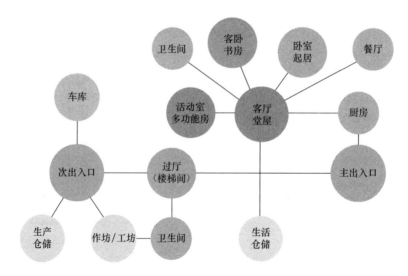

图 6.3.3-1　家庭作坊型农房单元配置（一）

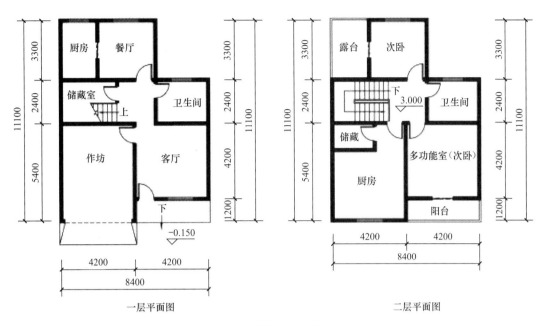

一层平面图　　　　　　　　　　　二层平面图

图 6.3.3-2　家庭作坊型农房单元配置（二）

6.3.4　家庭旅馆型住宅

1　功能单元配置要求

家庭旅馆中的经营空间应包括客房、餐厅、接待门厅以及为其服务的厨房和储藏空间。需考虑功能空间的"共享"和"分用"问题。

2　设计要点

（1）应按动静分区，以及经营、居住分区共同考虑空间分区。

（2）客厅、接待厅、餐厅、厨房宜设置在一层；客房设置在二层。

（3）门厅、餐厅、厨房不宜因接待旅客设置过大，应考虑闲置时的使用效率。

（4）客房卫生间宜共同设置，以节省管线敷设。

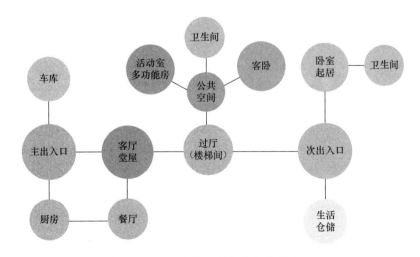

图 6.3.4-1　家庭旅馆型农房单元配置（一）

一层平面图　　　　　　　　　　　　二层平面图

图 6.3.4-2　家庭旅馆型农房单元配置（二）

7　宜居农宅设计与改建技术引导

7.1　平面设计及改建

7.1.1　农房平面户型设计与改建

1　独栋农房设计

（1）农宅朝向应综合考虑日照、常年主导风向和民居所在地的地形等因素确定。农宅建筑间距应以满足当地的日照要求为基础，综合考虑采光、通风、消防、防震等要求。

（2）应尊重当地传统风俗习惯，方便农民生活，布局合理。各功能空间应减少干扰，分区明确，实现寝居分离、食寝分离、净污分离。平面功能应包括卧室、起居室、厨房、卫生间以及符合农村生产需求的农具房、牲畜房、晾晒间等附属功能用房，附属功能用房在建筑构造中可独立于主体建筑，或者附属于主体建筑。

（3）在适宜发展旅游业的区域，应为经营"农家乐"或"乡村酒店"创造条件。

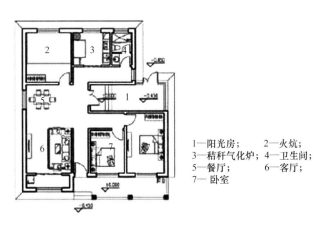

1—阳光房；　　　2—火炕；
3—秸秆气化炉；4—卫生间；
5—餐厅；　　　　6—客厅；
7—卧室

图 7.1.1-1　独栋住宅平面功能图

2　集中联排式农房设计

（1）采用窄面宽（4.8m）、大进深（16.5m）的平面形式，同时保持传统庭院的延续，可形成前、中、后三个庭院。合理有序地组织平面布局，做到人畜分离、食寝分离、居寝分离、洁污分离。

（2）平面功能上，一层为动态的公共活动空间包含厨房、餐厅、客厅，是农民日常的活动区域。二层、三层为静态的休息空间，减少休息区域与日常活动区的相互干扰。设置半地下层作为车库和存放农作物的储藏空间，使仓储区和生活区分离。

3　传统农房平面功能改造

（1）将辅助用房和居住用房联合为一体，共同建设，减少分离设置时居住用房与辅助用房之间的交通用地；考虑洁污分离、动静分离、干湿分离，合理设置厨卫用房。

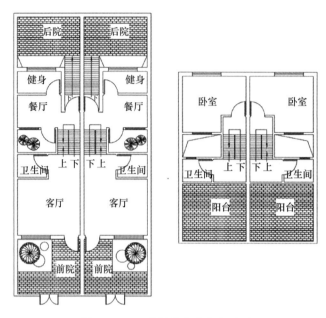

图 7.1.1-2　联排院落式农宅平面

（2）在严寒和寒冷地区，应注重保温改造，将主要用房设置于南向房间，辅助用房置于北侧，从而形成住宅的防寒空间，提升房屋的保暖性；在入口处加设门斗，形成具有保温功能的过渡空间，减少室内热量流失。

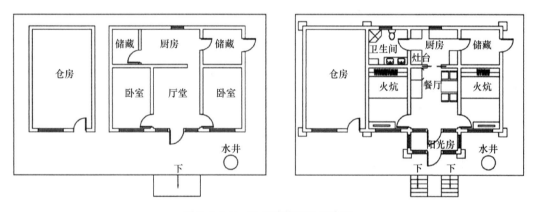

图 7.1.1-3　平面功能改造示意图

7.1.2　院落设计与改建

1　院落布局及环境设计

（1）合理规划庭院空间，根据农民生活习惯，安排凉台、棚架、储藏、蔬果种植、畜禽养殖等功能区。鼓励发展垂直立体庭院经济，在空间上形成果树种植、畜禽养殖、食蔬菜种植等的立体集约化模式。

（2）院落布置应考虑给水、排水的组织，设置进水口与排水口。应有排除地面雨水至道路系统的措施。

（3）沼气池应位于院落的向阳位置，并与家庭养殖、厕所等统筹考虑。

（4）院落内部应至少栽种一棵能高出建筑高度的乔木，使院落绿化多样化。

（5）院落围墙应与民居色彩质感相协调。围墙、篱栏等围合构筑物宜美化处理，高度不宜过高，应美观大方并具有一定的通透性，并在协调的基础上保证形式的多样性。

（6）为满足谷物晾晒、农机具停放、旅游接待和邻里交往等需求，庭院公共空间应设置一定面积的硬质铺装。院落地面材料宜就地取材，提倡采用渗水型材料，常用石板、乱石铺砌，可用砖、瓦、卵石铺地。

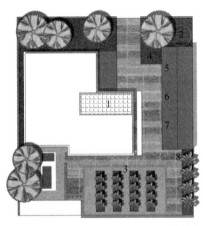

1—温室阳光房；　2—沼气池；
3—菜园；　4—后院；
5—猪舍；　6—家禽屋；
7—杂物间；　8—花园；

图 7.1.2-1　院落布局示意图

2　传统院落改造

（1）可适当将单一院落改为两重或多重院落。通过赋予院落不同的面积和功能，增强空间使用的灵活性和功能性。

（2）在满足村民需求的前提下进行院墙改进，将封闭的院墙改为由绿篱、栅栏构成的通透院墙，空间围而不死，使院墙内外的景观形成有机渗透。

（3）将植物和庭院小品引入院落中，如棚架、植物暖房、草被、花卉、盆景、乔木、硬地、石桌凳、小水面等相关配置，形成具有一定生态性、休闲性的民居环境。

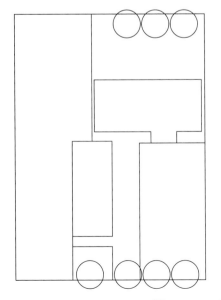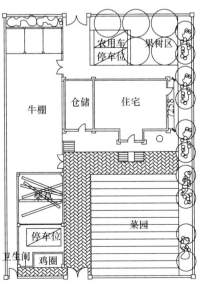

图 7.1.2-2　院落改造示意图

7.2 立面设计与改建

7.2.1 屋顶

1 屋顶形式应考虑建筑平面、气候条件、材料供应以及地方传统等多种因素，通过对不同房间屋顶形式的不同处理，形成富有变化的立面效果。

2 在满足农户生产生活需求的前提下，可将平屋顶改为坡屋顶，以解决雨水渗漏、顶层房屋气温高等问题，同时丰富立面形态。平改坡改造可采用与其他技术手段相结合的改造方式，如与太阳能装置结合，形成太阳能屋顶。

3 现状农房可以通过增加屋顶绿化的方式来改善生态环境、美化建筑形态、防止水土流失。与平改坡相比，改造成本与技术难度更低。

7.2.2 门窗

1 立面上窗的开设应尽量做到整齐统一，上下左右对齐，窗户品种不宜太多。当一个立面上的窗户有高低区别时，一般是将窗洞上沿取齐，这样立面可显得比较齐整且有利于窗过梁的设置。

2 当房屋上下层间门窗有大小之别时，立面上的窗户可能因大小不一而出现零乱现象，可以采用"化零为整"和"化整为零"的办法加以处理，将底层小间的两个窗户尽量靠拢，组织在一起，将楼层的大窗"一划为二"，分成 2 个窗户，使上下层窗户取齐。

3 楼梯间的窗户可做成比较通透的大玻璃窗或做成水泥花格，也可以采用小巧玲珑的漏窗。

4 现状农房可对立面的主要部位如大门、窗套、护窗等进行重点改造，增加具有地方色彩和传统文化的元素，如将现代风格的窗套改为仿传统民居花格窗、垂花窗，使住宅具有浓郁的乡土风情。改造形式应根据地方特点因地制宜，有所变化。

7.2.3 阳台

置阳台可以使建筑立面富有变化，增加生活气息。其形式有凹阳台、挑阳台、半凹半挑阳台、角阳台等。阳台栏杆和华饰对里面构图影响较大，栏杆可为板式、镂空式或两者结合式，材料为混凝土、砖、木、金属、陶瓷等。

7.2.4 墙体

1 农村住宅的外墙材料，应就地取材，因材设计。使用竹、木、石等地方材料建房，不仅经济方便，在建筑艺术上往往具有浓厚的地方特色。在经济条件许可时，可以选用水刷石、彩色涂料、斩假石、马赛克以及面砖等材料。在应用砖、石和普通粉刷材料时，为了丰富立面造型，可以将材料加以搭配使用。

2 外墙面上的线条处理是建筑立面设计中常用的手法之一。农村住宅的墙将窗台、窗眉、墙裙、阳台等线脚作延伸凹凸，结合水平或垂直引条线等各种线条的处理方法，在外形上获得不同的建筑艺术效果。

3 农房外墙面颜色应力求和谐统一。新建住宅墙面，除常用的白色粉刷或砖墙本色之外，可以应用浅黄、米色、奶油、银灰、浅桔等比较浅淡的颜色，也可选择对比度较大的两种色彩匹配使用，如清水红砖与米黄色粉刷，豆沙色与白色粉刷，深色天然石料与浅色粉刷等。必要时，还可选用某种比较醒目或浓郁的色彩作局部点缀，如白色、米黄色或浅绿色的阳台、栏杆或窗套，棕色或灰绿色的封檐板等。门窗的油漆颜色，一般应与墙面色彩有所区别，如在浅色的墙面上配以深色的门窗，或在深色的墙面上配以浅色的门窗，两者色彩应避免类同。

4 现状农房可以通过外墙粉刷、增加一些具有特色文化元素的装饰等，使其更富有地域特点；或通过墙体绿化美化建筑立面形态，弥补建筑外部缺陷。墙体绿化一般可采用攀缘植物如爬山虎、紫藤花、常青藤、野蔷薇等，或者采用高大的绿篱。

图 7.2.4 墙体改造示意图

7.2.5 细部装饰

1 山花，是一种完全可以结合功能的立面装饰形式。传统民居中常绘制或粉饰出蝙蝠、如意头等图案，新建住宅可以结合通风要求做成各种漏空的图案。

2 脊饰，在广大农村住宅中用得比较普遍，对瓦屋顶的建筑轮廓和造型具有举足轻重的作用。带有脊饰的屋脊使建筑外观显得挺拔秀丽，丰富多姿。

3 漏窗，又称花窗、什锦窗等，是我国园林和传统民居的建筑艺术形式之一。漏窗可以用砖、瓦、混凝土、金属、竹、木、陶瓷等材料制作，用于住宅的院墙、楼梯间、厨房、杂屋墙面等部位，在立面上可起到很好的装饰效果。

7.3 生态节能设计与改建

7.3.1 绿色能源利用

1 太阳能利用

适用于农村的太阳能方式有太阳能热水器、太阳能温室、太阳灶、被动式太阳能采暖、主动式太阳能采暖与空调系统、太阳能光伏发电、太阳能干燥器等。

2 水资源循环利用

（1）中水技术。生活废水经过中水系统处理后成为中水，可以作为冲厕所、洗车、浇灌绿地、消防及景观用水等。中水技术不仅解决了农村污水排放难的问题，还可以充分利用水资源，节约用水。

（2）雨水收集利用技术。农宅可以利用地上蓄水池和地下蓄水池等收集雨水，夏季补充，旱季使用，另外选择可渗地表材料，留住雨水，防止其过快进入污水系统。

3 沼气利用

将人和动物的粪便及厨房剩余有机垃圾投入沼气池中发酵即可产生沼气，其燃烧温度可达 1200℃，可用于炊事、取暖、照明。沼气池、畜禽房、三格式化粪池和温室可以有机组合，适用于新农村建设。

7.3.2　节能技术应用

1　建筑体量控制

（1）东北严寒地区和华北寒冷地区

尽量避免独栋的、错位排列的农宅，尽可能采用联排式住宅，减少农宅的外表面积，提高节能效果；独栋的农宅设计尽量减少建筑的凹凸变形，多采用规整的体型，减少外表面积，从而达到节能的效果；适当增加农宅的层数，从而增大建筑空间体积，降低建筑物能耗指标；加大农宅的进深，减小面宽。

（2）炎热地区和亚热带温润气候地区

农宅的组合布置形式应有利于减少东西墙面的长度或减少受太阳辐射的影响。应将楼梯、卫生间等辅助空间布置于建筑空间的外层，尤其是东西两侧端头，以减少太阳辐射对农宅中部核心空间的影响。此外，应利用建筑形体的凹凸变化和半开敞过渡空间创造更多的建筑阴影区，减少太阳直射的影响。

2　通风采光技术

（1）加强平面设计内部空间的通风组织。利用夏季季候风及热压差形成的空气流动，带走室内过多的热量和湿气，以改善室内环境，有效组织室内"穿堂风"。

（2）加大建筑进深，形成室内局部空间环流，增加室内通风降温。

（3）利用天井、中庭空间形成室内外环境热压差增强通风效果。

（4）利用阳台、窗楣、窗扇、遮阳板等建筑构件导风入室内，增强室内通风。

（5）炎热地区农宅朝向选择以南偏东15°至南偏西15°为最佳。西向为最不利朝向，应尽量避免。

（6）在农宅建筑组合时，应采取有效措施，减少建筑物之间相互遮挡对环境通风的影响。在院落设计中，应尽可能增加绿茵面积，减少不必要的硬质地面，以利于吸收太阳辐射热，降低环境温度。

（7）设置通风屋顶，即采用双层屋顶构造，中间为开放型空气层，利用风力或浮力通风原理散热，坡屋顶可利用坡屋面下的三角形空间进行通风，通风口位置设在屋脊或山墙等处。

3　外围护结构的节能技术

（1）墙体可以采用水稻、玉米秸秆等与黏土混合制成的土坯砖，其保温性能好，取材方便且成本低廉。

（2）门窗不宜过大，合理控制窗地比；寒冷地区北向不宜设飘窗，以减少对外接触面积，同时要做好保温隔热措施；窗框应选择导热系数小的塑钢，它的保温隔热性能优于铝合金窗框，玻璃应采用双层玻璃或者中空玻璃。

（3）屋顶是建筑外围受太阳照射影响最大的部位，它在建筑中高度最高，面积也较大。平屋顶可通过修建蓄水池或利用屋顶绿化，形成保温隔热层；坡屋顶部分可以铺设架空层，进行保温隔热。

7.3.3　传统房节能改造

已建成农房应采取有效的节能改造措施，降低建筑能耗。在住宅改造中，应尽量采用节能材料，处理好建筑的保温、隔热，合理布置管道。在允许的条件下，尽量采用自然通风、采光，利用太阳能设备等，对建筑废料进行回收利用，注意节约水、电、暖通等的能源。

7.4 宜居农宅空间适应性设计与改建

7.4.1 空间的扩展与弹性改建

1 当家庭结构发生变化时，会导致需求的增加，从而产生建筑平面扩建的需求。如随着家庭人口的逐渐增多，人们用餐的空间会有进一步增大的需求，进而导致厨房与餐厅的分离；或子女归来居住，老人与子女合住等情况出现而导致的对卧室需求的增加。

2 建筑空间扩建应体现集约化用地的原则。在增长的方向上也应侧重于住宅建筑前后的扩建，避免建筑面宽过大而占地。

3 以父、子、孙三辈发展为一个家庭周期，"人"增"层"增，体现持续发展。竖向扩建宜控制在2～4层，可试行通过增加扩建审批程序的方法来进行必要的引导与控制。

4 在不改变住宅户型的情况下，根据家庭结构和生活需求的变化进行弹性改建，如卧房调整为多功能房，起居空间与就餐空间的灵活调整；以及利用家具等软性隔断对空间进行弹性化设计。

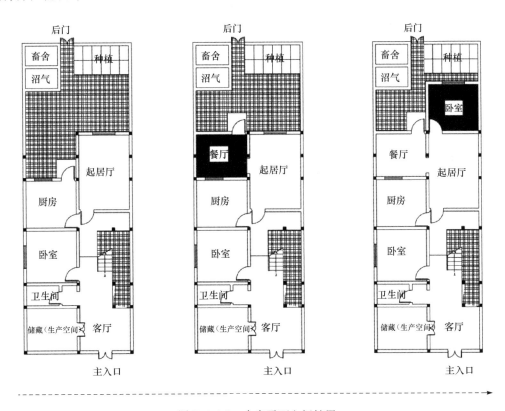

图 7.4.1-1 农房平面空间扩展

7.4.2 空间的适老化设计及改建

1 老年住宅宜为平层套型，各功能空间之间没有高差且各功能之间有足够的转弯空间，满足空间的流线通常。

2 起居室是老年人日常生活的中心，厨房、餐厅、卧室、卫生间等空间围绕起居室设置，以缩短交通流线，提高生活的便捷性。

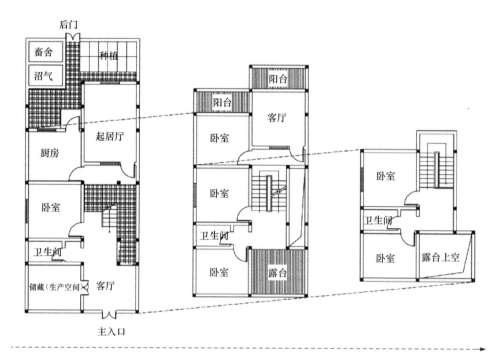

图 7.4.1-2　农房竖向空间扩展

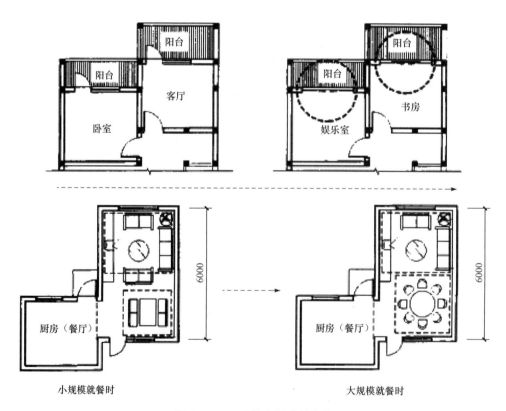

图 7.4.1-3　功能空间弹性变化

3　老年住宅中餐厅和厨房宜就近设置，可以方便老年人在厨房与餐厅之间的相互通行，减短老年人行走距离。

4　卫生间与卧室临近设置可以方便老年人的使用，同时减少对其他家庭人员的影响。在双卫的住宅设计中，一个卫生间应该在老人的卧室中。只有一个卫生间的住宅，卫生间应与老人卧室相临近，同时避免流线经过其他家庭人员的卧室。

5　阳台作为起居室的延伸可供老人观景、休闲、吸收新鲜空气、进行户外锻炼、纳凉、晾晒衣物、摆放盆栽等。农宅设计中应保证起居室到阳台的连续性，可将阳台与起居室和卧室相连，形成一个扩大的阳台。

6　应考虑老年人使用轮椅的可能性。为保障轮椅在空间内部的顺利通行和回转，住宅内如门厅、过厅、起居室及各室门内外侧和阳台等处，需要预留直径不小于 1500mm 的轮椅回转空间。

7　现状农房应考虑消除各功能空间的高差，如厨房入口处、卫生间入口处和阳台入口处与室内的高差；或利用坡道做消除高差的处理。

8　结合老年人使用需求适当加宽房间入口宽度；打通空间的联系性，如居室与卧室联通、卧定与阳台联通、卧室与卫生间联通等。

村镇公共服务设施综合配置技术导则（草案）

编 制 说 明

为进一步研究我国宜居村镇建设体系，探讨宜居村镇公共服务设施配置技术，根据公共服务设施配置均等化的要求，全面整理各地公共服务设施的有关标准、规范，深入研究分析宜居村镇公共服务设施的配置水平和要求，开展现状调研、评估及比较研究，结合各地实际，特制定《村镇公共服务设施综合配置技术导则（草案）》（以下简称《导则》）。

本导则的主要内容有：1 范围；2 规范性引用文件；3 术语和定义；4 公共服务设施布置原则；5 宜居村镇公共服务设施的分类分级；6 教育设施选址布局与规划配置标准；7 医疗卫生设施选址布局与规划配置标准；8 文化设施选址布局与规划配置标准；9 体育设施布局与规划配置标准；10 社会福利设施选址布局与规划配置标准；11 商业设施选址布局与规划配置标准。

本导则根据《标准化工作导则—第 1 部分：标准的结构和编写》GB/T 1.1—2009 所制定的规则起草。

1 范　围

　　本导则规定了宜居村镇公共服务设施的分类分级、选址布局原则和规划配置标准。

　　本导则适用于全国范围内宜居村镇公共服务设施的规划与管理，其中用地特别紧张的地区的公共服务设施可参照本导则进行差别化配置。

2 规范性引用文件

下列标准对于本导则的应用是必不可少的。凡是标注日期的引用标准，仅所标注日期的版本适用于本导则。凡是不标注日期的引用标准，其最新版本适用于本导则。

《镇规划标准》GB 50188

《城市规划基本术语标准》GB/T 50280

《城市用地分类与规划建设用地标准》GB 50137—2011

3 术语和定义

3.0.1 宜居村镇

本导则所称宜居村镇主要指仍以从事农业生产（自然经济和第一产业）为主的劳动者聚居地，一般指集镇和行政村（或人口较多的自然村）。同时，考虑到社会设施的配置效率、公共产品的成本效益、城乡统筹等因素，确定本课题研究对象为全国范围内大部分村落，但不包括城中（郊）村、工业化村落以及居住人口少于 100 户的自然村。

3.0.2 生活圈

生活圈是指从居民生活空间的角度出发，反映居民生活空间单元与居民实际生活的互动关系，刻画空间地域资源配置、设施供给与居民需求的动态关系，折射生活方式与生活质量、空间公平与社会排斥等内涵，并与城乡规划相结合，成为均衡资源分配、维护空间公正和组织地方生活的重要工具。❶

3.0.3 生活圈层级

以提升可达性和配置效益为目标，基于"生活圈"的自下而上配置方法，半径越大的生活圈要求其服务等级越高。以此为依据，村镇公共服务中心应当选择相应等级的生活圈中心配置，各等级服务中心以其服务半径为界限相互交织、重叠，组成服务网络，形成适合居民生活的生活圈服务体系。根据居民对不同等级服务功能的需求程度、出行限制可将生活圈分为四个等级，如表 3.0.3 所示。❷

生活圈等级   表 3.0.3

生活圈	参考交通方式	参考出行时间（min）	等效服务半径（km）	最大服务面积（km²）	服务单元
基本生活圈	步行	15	0.5～1	3	村镇社区/行政村
一次生活圈	步行	30～60	2～3	30	中心村/镇
二次生活圈	自行车	30	4～8	300	中心村/镇
三次生活圈	机动车	30	20～25	2000	中心镇/县城

---

❶ 肖作鹏等. 国内外生活圈规划研究与规划实践进展述评 [J]. 规划师. 2014，10（30）：88-95.

❷ "十一五"国家科技支撑计划项目：村镇空间规划与土地利用关键技术研究——课题五，村镇基础设施空间配置关键技术研究。

4 公共服务设施布置原则

4.0.1 公共服务设施的配置应与服务的人口规模和服务范围相适应，服务范围应兼顾行政层级，考虑不同地形条件对实际服务范围的影响。

4.0.2 公共服务设施的配套规模应根据村镇产业特点确定，与经济社会发展水平相适应。

4.0.3 公共服务设施规划布局时，宜将同级别的公共服务设施相对集中布置在村民方便使用的地方（如村口或村镇主要道路旁），形成不同层级的公共服务中心。

4.0.4 应根据村镇规模、村镇形态合理配置公共服务中心，公共服务中心应考虑服务半径，在基本生活圈范围内，不超过 800m。公共服务中心应布置在村民方便到达的地方，同时避免外来车辆的干扰，保证村民安全。应根据村民生活习惯配以公共服务设施如文化娱乐、体育健身、纳凉休憩等设施，方便村民使用。

4.0.5 公共服务设施的布置方式

1 公共服务设施的布点

公共服务设施的布点如图 4.0.5-1 所示。

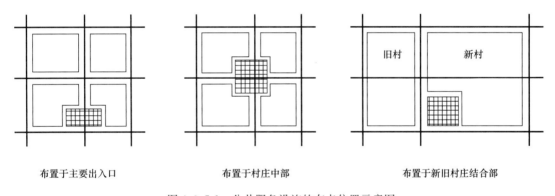

布置于主要出入口　　　　布置于村庄中部　　　　布置于新旧村庄结合部

图 4.0.5-1　公共服务设施的布点位置示意图

2 公共建筑排列方式

沿街一字形布置　　　　沿街丁字形布置　　　　沿街十字形布置

图 4.0.5-2　公共建筑排列方式示意图

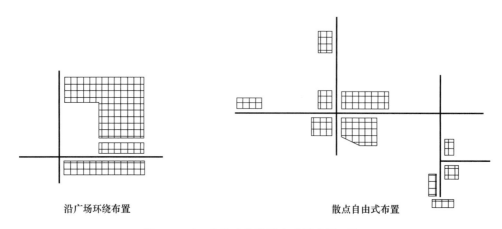

沿广场环绕布置　　　　　　　　散点自由式布置

图 4.0.5-2　公共建筑排列方式示意图（续）

4.0.6　公共服务设施的规划除应符合本导则外，尚应符合国家和地方现行有关法律法规、技术标准的规定。

5 宜居村镇公共服务设施的分类分级

5.1 宜居村镇公共服务设施分类

根据宜居村镇公共服务设施评价结果和配置要求，本导则所指公共服务设施分为两类：刚性配置和弹性配置。刚性配置包括行政管理服务、教育、医疗卫生、文化体育、社会福利与保障等设施；弹性配置包括商业金融服务设施、旅游服务设施等，其建设主要为市场力推动。公共服务设施以一次生活圈和基本生活圈配置为主。

5.2 宜居村镇公共服务设施分级

5.2.1 综合考虑设施服务范围和规划服务人口规模，本导则中的公共服务设施分为两级：基本生活圈和一次生活圈。

5.2.2 基本生活圈设施，是指服务于本社区 300～1000 人的最基本日常生产生活的项目，服务半径为 500～1000m，以步行为主要出行方式（表 5.2.2）。

基本生活圈公共服务设施配置一览表 表 5.2.2

配置要求	类别	序号	配置项目	备注
刚性配置	教育设施	1	幼儿园	根据规模需求
	医疗卫生设施	2	卫生室	可与公共服务中心合建
	公共文化与体育设施	3	图书室	可与公共服务中心合建
		4	文化活动室	可与公共服务中心合建
		5	体育健身场地及设施	宜与公共服务中心广场、文化活动室等合建
弹性配置	商业金融服务设施	6	村镇金融服务网点	根据市场需求
		7	便民超市	根据市场需求
		8	农贸市场	根据市场需求
		9	村镇电商服务网点	根据市场需求
	其他公共服务设施	10	邮政网点	根据市场需求

5.2.3 一次生活圈设施，是指服务于本社区内 1000～5000 人以及周边若干二次生活圈的基本齐全的日常生产生活项目，服务半径为 1000～1200m，以步行、自行车出行为主（表 5.2.3）。

一次生活圈公共服务设施配置一览表   表 5.2.3

配置要求	类别	序号	配置项目	备注
刚性配置	行政管理服务设施	1	行政管理	村域共享
		2	公共服务中心	村域共享
	教育设施	3	幼儿园	根据规模需求
		4	小学	结合县域教育设施布点
		5	社区教育教学点	村域共享
	医疗卫生设施	6	社区卫生站	可与公共服务中心合建
	公共文化与体育设施	7	图书室	可与公共服务中心合建
		8	文化活动室	可与公共服务中心合建
		9	体育健身场地及设施	宜与公共服务中心广场、文化活动室等合建
	社会福利与保障	10	养老设施	村域共享
弹性配置	商业金融服务设施	11	村镇金融服务网点	根据市场需求
		12	便民超市	根据市场需求
		13	农贸市场	根据市场需求
		14	村镇电商服务网点	根据市场需求
	其他公共服务设施	15	邮政网点	根据市场需求

注：刚性配置的公共服务设施项目需要明确配置建设标准，公共服务设施项目可以结合现状房屋进行使用功能改造，同时可以根据集体经济投入和上级补助情况，制订分期建设计划；弹性配置的给予建设标准指引。

6 教育设施选址布局与规划配置标准

6.1 教育设施分类

6.1.1 本导则所指教育设施包括社区教育教学点、小学和幼儿园（含托儿班）。

6.1.2 初中、普通高中、大专院校、中等职业技术学校和特殊教育学校，按国家和地方相关规定进行配置，不在本导则规定范围内。

6.2 教育设施选址与布局

6.2.1 教育设施应位于一次生活圈范围内，在山区等交通不便的地方，教育设施位置应酌情小于基本生活圈半径，根据实际情况优化布局。

6.2.2 教育设施应选址在交通方便、地势平坦开阔、空气流通、阳光充足、排水通畅、环境适宜、基础设施比较完善的地段，应避开高层建筑的阴影区、干道交叉口等交通繁忙地段、地形坡度较大的区域、不良地质区、洪水淹没区、各类控制区和保护区以及其他不安全地带。架空高压输电线、高压电缆、输油输气管道、通航河道及市政道路等不得穿越校区。

6.2.3 教育设施不应与集贸市场、公共娱乐场所、消防站、垃圾转运站、强电磁辐射源等不利于学生学习、身心健康以及危及学生安全的场所毗邻；与各类有害污染源（物理、化学、生物）的防护距离应符合国家相关规定。

6.2.4 教育设施教学区与铁路外侧距离不应小于300m，与城市主干道或公路路缘线距离不宜小于80m。

6.2.5 教育设施布局应合理组织人流、车流和车辆停放，创造安全和安静的学习环境，减少对周边交通的干扰。

6.2.6 新规划教育设施的用地应确保有足够的面积及合适的形状，能够布置教学楼、运动场地和必要的辅助设施。规划为应急避难场所的学校，室内外运动场地应满足应急避难的相关要求。

6.2.7 4班及以上的幼儿园应有独立的建筑基地。3班及以下的幼儿园，可设于其他建筑物的底层，但应有独立的出入口和相应的室外游戏场地及安全防护设施。

6.2.8 社区教育教学点可以单独设置也可以与小学或其他公共设施合建。条件有限的社区可以与会议室、公共活动室、图书室等共建。

6.3 教育设施规划配置标准

6.3.1 各地在规划布局教育设施时，应结合教育部门划定的学区范围，根据学区范围内人口规模确定教育设施的规模。

6.3.2 宜居村镇基础教育设施学生规模采用适龄学生数占总人口比例这一指标计算，该指标应符合表6.3.2-1、表6.3.2-2的规定。各地在规划布局教育设施时，可根据当地人口发展趋势和年龄结构，参照表 6.3.2-1、表 6.3.2-2，论证确定符合本地实际情况的适龄学生数占总人口比例。

宜居村镇幼儿园（3~6 岁）适龄学生数占总人口比例指标表　　　　表 6.3.2-1

序号	省（区、市）	村镇地区幼儿园（3~6 岁）适龄人口占总人口比例（%）	序号	省（区、市）	村镇地区幼儿园（3~6 岁）适龄人口占总人口比例（%）
1	西藏	5.38	17	四川	3.63
2	贵州	4.98	18	山东	3.40
3	江西	4.98	19	福建	3.39
4	广西	4.91	20	山西	3.18
5	河南	4.85	21	天津	3.06
6	宁夏	4.75	22	湖北	3.01
7	青海	4.70	23	陕西	2.87
8	新疆	4.62	24	江苏	2.85
9	云南	4.36	25	吉林	2.85
10	海南	4.29	26	黑龙江	2.80
11	广东	4.04	27	辽宁	2.71
12	湖南	4.04	28	浙江	2.71
13	甘肃	3.65	29	内蒙古	2.69
14	河北	3.92	30	上海	1.88
15	重庆	3.90	31	北京	1.76
16	安徽	3.86	32	全国	3.91

注：本表未包含香港特别行政区、澳门特别行政区及台湾地区相关数据。

宜居村镇小学（7~12 岁）适龄学生数占总人口比例指标表　　　　表 6.3.2-2

序号	省（区、市）	村镇地区小学（7~12 岁）适龄人口占总人口比例（%）	序号	省（区、市）	村镇地区小学（7~12 岁）适龄人口占总人口比例（%）
1	贵州	12.05	17	安徽	7.44
2	西藏	10.64	18	河北	6.35
3	宁夏	10.09	19	山东	6.32
4	青海	9.75	20	内蒙古	5.48
5	云南	9.49	21	陕西	6.07
6	广西	9.40	22	湖北	5.34
7	广东	9.39	23	吉林	5.24
8	新疆	8.98	24	黑龙江	5.51
9	江西	8.99	25	辽宁	5.65
10	河南	8.70	26	浙江	5.54
11	甘肃	8.30	27	天津	5.81
12	海南	8.44	28	江苏	5.10
13	重庆	8.14	29	福建	6.17
14	四川	7.72	30	北京	3.42
15	山西	7.28	31	上海	3.07
16	湖南	7.14	32	全国	7.22

注：本表未包含香港特别行政区、澳门特别行政区及台湾地区相关数据。

6.3.3　宜居村镇教育设施的规划配置应符合表 6.3.3 的规定。

宜居村镇基础教育设施办学规模一览表

表 6.3.3

设施名称	最小规模（m²/处）		生均规模（m²/生）		班额数（人/班）	备注
	建筑面积	用地面积	建筑面积	用地面积		
幼儿园	2班 400 3班 600	2班 400 3班 600	≥10	≥10	20	1. 幼儿园办学规模宜为 2～3 班。 2. 幼儿园应有独立占地的室外游戏场地，每班的游戏场地面积不应小于 60m²。 3. 幼儿园适龄学生数不足时，可设置 1 班的幼儿园，建筑面积不应小于 200m²，用地面积不应小于 260m²。 4. 2 班幼儿园教学楼若为 1 层建筑的，用地面积应不小于 520m²。 5. 3 班幼儿园教学楼若为 1 层建筑的，用地面积应不小于 780m²。 6. 幼儿园可以与托老所或老年日间照料中心相邻
小学	6班 2228 12班 4215	6班 9131 12班 15699	≥7.81	≥29	45	1. 村完全小学办学规模宜为 6～12 班。 2. 初级小学包括 1～3 年级，建筑面积不应小于 500m²，用地面积不应小于 720m²。 3. 学校运动场至少设置 1 组 60m 直跑道

6.3.4　宜居村镇社区教育教学点如单独设置应符合表 6.3.4 的规定。

宜居村镇社区教育教学点规模一览表

表 6.3.4

设施名称	建筑面积	用地面积
社区教育教学点	≥80m²	≥80m²

7 医疗卫生设施选址布局与规划配置标准

7.1 医疗卫生设施分级与分类

7.1.1 本导则所指医疗卫生设施专指村卫生室。村卫生室所包括的功能有：健康教育宣传与基层医疗诊治等。

7.1.2 村卫生室服务半径应为基本生活圈，步行不超过20分钟。

7.2 村卫生室的选址与布局

卫生室不宜与市场、学校、幼儿园、公共娱乐场所、垃圾站、强电磁辐射源等毗邻；应避开坡度较大区域、不良地质区、洪水淹没区、污染源和易燃易爆物品的生产与贮存场所。

7.3 村卫生室配置标准

7.3.1 卫生室的配置标准主要从建筑规模、卫生人力、卫生设备与药品和卫生室管理等方面提出配置要求。

7.3.2 每个宜居村镇应至少建设有一个卫生室，步行以不超过20分钟为宜，相邻的村镇可共用一个卫生室。居住较为分散的宜居村镇可以增设卫生站或者一室两"点"，乡镇卫生院所在地可以考虑不再设置卫生室。具体建筑规模和卫生人力配置标准见表7.3.2。

村卫生室配置标准   表7.3.2

设施名称	分区	建筑面积最小规模（m²）	人员配备	备注
村卫生室	东部地区	80	1.2～2‰	村镇医生从业资格证
	东北地区	60	1‰～1.5‰	
	中部地区	100	1.5‰～2‰	
	西部地区	80	1‰～1.5‰	

7.3.3 卫生设备与药品

1 卫生设备

卫生室应配备常规的医疗器械与器物，并满足一定的数量要求。

常规设备应包括：听诊器、血压计、体温计、吸痰器、简易呼吸器、生物显微镜、身高体重计、便携式高压消毒锅（带压力表）、清创缝合包、出诊箱、治疗盘、冷藏包（箱）、至少50只各种规格一次性注射器、医用储槽、有盖方盘、氧气包、开口器、压舌板、止血带、诊查床、无菌柜、健康档案柜、中西药品柜、桌椅、健康宣传板、担架、处置台、有盖污物桶、输液架、地站灯、手电筒、应急照明设施。

2 卫生药品

村卫生室全部配备和使用国家基本药物和省（区、市）增补非基本药物。药品配备和使用以国家基本药物为首选、省（区、市）增补非基本药物为补充。应配备一定数量的常用药品与急救药品。

7.3.4 卫生室管理

村卫生室接受上级卫生院的管理，在上级卫生部门的指导下应建立健全的门诊制度（处方、门诊病历填写）、用药、设备管理等规章制度。卫生室应做到 24 小时应诊，方便群众就近就医。

7.4 医疗卫生设施与养老设施结合

逐步提升基层医疗卫生室为村镇居家老年人提供医疗卫生保健服务的能力，推动医疗卫生服务延伸至村镇家庭。条件允许的村镇，可结合基本公共卫生服务的开展为老年人建立健康档案，并为 65 岁以上老年人提供健康管理服务。鼓励为高龄、重病、失能、部分失能等行动不便或确有困难的老年人，提供定期体检、上门巡诊、家庭病床、日间护理、健康管理等基本服务。

8 文化设施选址布局与规划配置标准

8.1 文化设施分级与分类

村镇公共文化设施按基本生活圈与一次生活圈两级设置：

1 一次生活圈。文化活动中心。文化活动中心功能可以较为综合，可集图书阅读、文化娱乐、广播影视、宣传教育、科普培训、信息服务、老年活动和青少年活动等服务于一体。本导则建议文化中心与村户外活动场地集合设置。

2 基本生活圈。村文化活动室。文化活动室应包括文化康乐、图书阅览、信息服务、老年活动等功能。村文化活动室无需单独占地，可与基本生活圈其他公共服务设施合建，形成集中的服务中心。

8.2 文化设施选址与布局

文化设施宜结合绿地、体育设施和村镇行政管理设施等公共活动空间统筹布局，相对集中布置，形成村镇公共服务中心。应避免或减少对村民住宅的影响，宜布局在方便、安全、对生活休息干扰小的地段。应合理组织人流和车辆停放，减少对交通的干扰。文化设施的发展应该留有一定的发展余地。若被确定为应急避难场所，应满足避难的相关要求。

8.3 文化设施规划配置标准

8.3.1 本导则依据《文化馆建设标准》（建标 136—2010）、《乡镇综合文化站建设标准》（建标 160—2012）等配置文化设施功能，不同等级对应不同的功能和配置标准。文化设施指标按单人面积，并同时满足村镇文化设施面积最小规模。为保障文化活动室的有效实施与最大化利用，规定一般文化活动室每处最小建筑规模为 $30m^2$，西部地区每处最小规模可为 $20m^2$。

8.3.2 具体村镇文化设施的配置应符合表 8.3.2 的规定。

村镇文化设施配置标准　　　　　　　　　　　　表 8.3.2

东部地区						中西部地区					
设施等级	设施名称	最小规模（m²/处）	服务人口（人）	单人面积（m²/人）	备注	设施等级	设施名称	最小规模（m²/处）	服务人口（人）	单人面积（m²/人）	备注
一级生活圈	文化活动中心	100	1000～5000	0.06～0.2	可包含综合活动室、培训室、信息活动用房等	一级生活圈	文化活动中心	80	≥1000	0.04～0.08	一般应包含图书室和综合活动室
基本生活圈	文化活动室	40	≥600	0.04～0.05	可包含综合活动室，应提供上网服务	基本生活圈	文化活动室	20～30	—	0.02～0.03	主要提供群众活动用房

8.4　文化设施建设内容

文化站的建设内容包括房屋建筑、室外活动场地和建筑设备。其中房屋建筑主要包括文化教育活动用房、网络信息用房、管理与辅助用房等。宜居村镇可依据自身的条件灵活组合配置。室外活动场地主要包括开展文化艺术与信息交流的室外活动场地、休憩场地和道路等。

9 体育设施布局与规划配置标准

9.1 体育设施分级分类

9.1.1 宜居村镇体育设施包括供村民健身娱乐的室内场所和室外场所两类。

9.1.2 村镇体育设施按基本生活圈与一次生活圈两级设置：

1 一次生活圈：以一个标准篮球场为主，同时附带相应的健身设施，包括至少1个标准乒乓球台和一定的健身设施，满足不同年龄群众的健身需要，同时具备小型广场的作用。

2 基本生活圈：一个标准篮球场以及1个标准乒乓球台。篮球场以硬质地面为主，包括2个标准篮球架，室外乒乓球台可采用水泥制。

9.2 体育设施场地选址与布局

9.2.1 场地应符合基本体育场地设施要求的标准，场地地势平坦开阔、排水通畅、环境适宜，场地选择应避免地形坡度较大的区域、不良地质区、洪水淹没区、各类控制区和保护区以及其他不安全地带。场地内要避免架空高压输电线、高压电缆、输油输气管道、通航河道及市政道路穿越。

9.2.2 体育设施可与教育设施、文化设施相结合建设，并作为应急避难场所。

9.3 宜居村镇体育设施配置标准

9.3.1 本导则中体育设施规模及配置标准根据村镇生活圈半径及村镇体育人口规模进行配建。在保证基本设施配置的前提下，根据体育人口比例高低相应调整设施配置标准。不同地区宜居村镇建议配建的体育设施面积和设施内容如表9.3.1：

不同地区体育设施配建标准 表 9.3.1

分类	省（区、市）	分级	配建面积（m²）	配建设施
Ⅰ区	甘肃、陕西、青海、黑龙江、吉林、辽宁、四川、重庆、贵州、湖北、河南、河北、云南、海南、山西	一次生活圈	1000～1500	1标准篮球场＋2标准乒乓球台＋群众活动场所
		基本生活圈	1000	1标准篮球场＋2标准乒乓球场
Ⅱ区	广东、福建、江西、湖南、天津、江苏、浙江、安徽、山东	一次生活圈	1500～2000	1标准篮球场＋2标准乒乓球台＋群众活动场所
		基本生活圈	1000～1500	1标准篮球场＋2标准乒乓球台
Ⅲ区	北京、上海、广州市、深圳市	一次生活圈	＞2000	1标准篮球场＋2标准乒乓球台＋群众活动场馆
		基本生活圈	1500～2000	1标准篮球场＋2标准乒乓球台＋群众活动场馆
少数民族地区	内蒙古、宁夏、广西、新疆、西藏	一次生活圈	600～1000	1标准篮球场＋活动场所
		基本生活圈	600～1000	1标准篮球场＋活动场所

9.3.2　篮球场除了可以进行篮球运动，也完全可以进行羽毛球、乒乓球以及 5 人制足球比赛，在北方冬季也可以作为小型滑冰场。

9.3.3　配置标准不作为建设限制标准，由于各地方经济水平、风俗习惯差异巨大，可根据实际情况采取室内外相结合的方式灵活布置，鼓励经济条件较好、人口较多的地区在尊重村民意愿的前提下，增加体育场地面积、器材及设施，更好地满足村镇体育文化生活需求。同时也要避免建设奢侈的、不合时宜的设施。

9.3.4　由于我国民族众多，各地方文化差异较大，鼓励发展传统文化体育项目，对传统体育场地设施建设应有所倾斜。

10 社会福利设施选址布局与规划配置标准

10.1 社会福利设施分类及分级

10.1.1 本导则所指社会福利设施包括养老服务站、托老所和老年活动室。

1 养老服务站是为老年人提供各种综合性服务的社区服务机构和场所。

2 托老所为短期接待老年人托管服务的社区养老服务场所，设有起居生活、文化娱乐、医疗保健等多项服务设施，可分日托和全托两种。

3 老年活动室是为老年人提供综合性文化娱乐活动的专门机构和场所。

10.1.2 宜居村镇社会福利设施按一次生活圈与基本生活圈两级设置：

1 一次生活圈：包括养老服务站和托老所。养老服务站属于居家养老设施，为在家养老老人提供各种综合性服务，包括生活照料、家政服务、餐饮服务、精神慰藉等，提供上门服务。托老所为短期接待老年人托管服务的社区养老服务场所，面向自理和半自理老人，设施集日间照料、基础护理、保健、健康宣传等功能于一体。

2 基本生活圈：老年活动中心。为老年人提供娱乐、交往、活动的场地，包括活动室、阅览室、棋牌室、室外活动场地等空间。

10.2 社会福利设施选址与布局

10.2.1 老年人设施应选址在地形平坦、工程地质条件稳定、基础设施条件良好、交通便利，符合安全、卫生和环保相关标准的地段；应避开公路、快速路、干道交叉口等交通繁忙的地段；应远离污染源、噪声源及危险品生产储运设施等用地。

10.2.2 选址还应满足阳光充足、通风及环境绿化良好的要求，尽量做到中心集中设置，便于利用周边的生活、医疗等公共服务设施。

10.2.3 老年活动中心可与幼儿园相邻，采取共用室外活动场地等手段，让老人与儿童可以相互陪伴；日间照料中心应尽量靠近卫生服务设施，或与其合建，形成集中的医疗服务中心。

10.3 社会福利设施规划配置标准

10.3.1 原则上每个一次生活圈设置一处日间护理中心和一处养老服务站，每个基本生活圈设一处老年人活动室。村规模较小、距离较近或暂缺乏条件的可几个村合设。

10.3.2 本导则将全国分为三个区域分别进行宜居村镇社会福利设施的配置，其中1区为村镇老龄化程度较高地区，2区为村镇老龄化程度中等地区，3区为村镇老龄化程度较低地区。详见表10.3.2。

全国村镇社会福利设施配置分区 　　　　　　　　　　　　　　表 10.3.2

1区	重庆、江苏、四川、安徽、湖南、广西、湖北、福建
2区	浙江、上海、山东、辽宁、北京、甘肃、贵州、陕西、宁夏、内蒙古、黑龙江
3区	广东、天津、海南、河南、山西、河北、江西、云南、吉林、青海、西藏、新疆

注：本表未包含香港特别行政区、澳门特别行政区及台湾地区。

10.3.3　村镇老年人设施的规划配置应符合表 10.3.3 的规定。

村镇老年人设施的规划配置　　　　　　表 10.3.3

设施名称	最小规模（m²/处）			床位数	备注
	1 区	2 区	3 区		
村养老服务站	135	120	100	—	
托老所	每床建筑面积不应小于 18m²	每床建筑面积不应小于 16m²	每床建筑面积不应小于 14m²	1 床/100 老人（老年人口按 65 岁以上计算）	
老年人活动室	135	120	100	—	应设置大于 100m² 的室外活动场地

10.3.4　用地特别紧张的村镇，在保证建筑面积符合本导则的前提下，社会福利设施用地面积可按不低于本导则的 70% 控制。

11 商业设施选址布局与规划配置标准

11.1 商业设施分类与分级

11.1.1 本导则按照使用性质（必要性）和宜居村镇公共服务设施评价权重将商业服务设施分为基础类和特色类。

1 基础类为刚性配置，是指为居民在日常生活中，吃、穿、住、行所必备设施。包括：菜市场（粮食、蔬菜、肉类、水产品、副食品、水果、熟食等售卖）、集贸市场、理发店、公共浴室、维修部（日常用品及市政基础设施）、杂货店等。

2 特色类为弹性配置，是指为村镇在合理规划及长期实践中形成具有特色的商业设施，例如小型超市、银行网点、旅馆、物流站、邮政所等。

11.1.2 宜居村镇商业设施按一次生活圈与基本生活圈两级设置：

基本生活圈商业设施以基础类为主；一次生活圈设施在基础类设施的基础上根据各自村镇的经济水平和产业特色酌情配置。

11.2 商业设施选址与布局

11.2.1 村镇商业设施的选址与布局应在充分考虑其经营需要，结合村民的居住出行等特征进行网点布置。

11.2.2 村镇商业设施的选址应有利于人流和商品的集散，并不得占用公路、主要干路、车站、码头等交通量大的地段；其布局不应在文体、教育、医疗机构等人员密集场所的出入口附近和妨碍消防车通行的地段。

11.3 商业设施规划配置标准

11.3.1 商业设施规划配置标准见表 11.3.1。

商业设施规划配置标准表　　　　　　　　　　　　表 11.3.1

设施类别	设施名称	一次生活圈商业		基本生活圈商业		备注
		配置弹性	配置要求标准	配置弹性	配置要求标准	
基础类	菜市场	●	900～3000m²	●	30～360m²	包括粮油、蔬菜、肉类、水果、水产品、副食品等商品销售。可为露天市场，按照人均 0.15～0.6m² 配置
	集贸市场	●	按照每个摊位 3～5m² 配置	●	按照每个摊位 1～5m² 配置	应安排好大集或商品交易会临时占用的场地，休集时应考虑设施和用地的综合利用
	理发店	●	≥10m³	●	≥10m³	《理发店、美容院卫生标准》GB 9666—1996 中提出理发店营业面积不得低于 10m³

续表

设施类别	设施名称	一次生活圈商业		基本生活圈商业		备注
		配置弹性	配置要求标准	配置弹性	配置要求标准	
基础类	公共浴室	●	900～3000m²	●	30～360m²	—
	维修部	●		○	30～360m²	—
	杂货店	●		○	建议与周边村镇合建	—
特色类	旅馆	●		○	建议同类型村镇共建	—
	物流	●		○	建议同类型村镇共建	—
	邮政所/点	●		●	建议与周边村镇合建	
	小型超市	○		○		

注：●：刚性配置；○：弹性配置。

12 其他公共服务设施选址布局与规划配置标准

其他公共服务设施主要包括未涵盖的一些公共服务设施，这些服务设施是与某些村镇的特殊职能、经济发展水平或风俗习惯相对应，例如：旅游资源丰富的村镇应建立旅游服务中心，服务中心应为游客提供信息、咨询、游程安排、讲解、休息等旅游设施和服务功能，同时可根据实际情况引入旅游交通、旅游住宿、旅游餐饮和其他游客服务等设施；以粮食种植为主导产业的村镇应配置如农机停放点、打谷场、农产品加工等场地设施，设施宜集中布置，尽可能减少对农民生活的干扰，应方便作业、运输和管理；以牲畜养殖为主导产业的村镇应配置大中型饲养场地等设施，选址应满足卫生和防疫要求，宜布置在村镇常年主导风向的下风向以及通风、排水条件良好的地段，并应与村镇保持符合标准的卫生防护距离等。

宜居村镇内涝防治及雨水资源化利用规划
技术导则（草案）

1 总 则

1.1 编 制 目 的

为推动我国宜居村镇建设，探索以绿色、生态、低碳为理念的建设模式，规范和指引村镇内涝防治及雨水资源化利用规划编制和管理工作，提高规划的科学性和可操作性，特制定本导则。导则将引用源头控制理念，汇总和归纳现有内涝防治及雨水资源化利用规划理论和实践经验，构建一套兼顾村镇排水内涝防治及雨水资源化利用规划技术方法、编制程序、内容、深度的技术导则，完善规划技术体系和标准，有效减轻内涝防治压力、控制径流污染并充分利用雨水资源，提供有益的技术支撑。

1.2 适 用 范 围

1.2.1 本技术导则适用于按国家行政建制设立的县人民政府所辖镇、村庄和集中居民点。当村镇发展目标中有内涝防治及雨水资源化利用要求时，编制村镇内涝防治及雨水资源化利用规划，或编制村镇总体规划、相关专项规划和控制性详细规划中的内涝防治及雨水资源化利用专篇，可依据本导则。

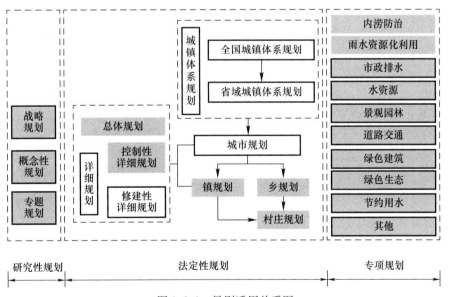

图 1.2.1 导则适用关系图

1.2.2 本技术导则的主要使用对象为宜居村镇建设发展相关领域的组织管理和技术研究部门，包括政府规划管理部门、规划编制设计与研究部门、村镇建设主体。导则的编制将为规划管理者在行政管理过程中提供行动纲领和行动依据，为设计人员编制排水（雨水）防涝规划提供技术指导，为政府部门审批、评估内涝防治及雨水资源化作用设施建设提供评价依据。

1.3　编 制 原 则

1.3.1　系统性及目标的多样原则

突出内涝防治及雨水资源化利用规划的系统性与技术途径的多样性，充分体现内涝防治系统的多用途和多功能性。利用"渗、滞、蓄、净、用、排"等技术手段，将源头控制与终端控制相结合，有效削减地表径流量及其峰值，通过源头控污、雨水资源化利用等多方面系统集成村镇内涝防治规划技术解决方案。

1.3.2　雨水利用目标多样性原则

各类村镇对雨水资源化利用企求的差异，导致雨水资源化利用目标的多样性。相对于丰水地区，缺水地区对雨水资源化利用的刚性需求更为显著，而前者可能更关注雨水利用在节水、防涝、绿色、环保等方面的功效。

1.3.3　可操作性原则

定性与定量相结合，根据本地自然地理条件、水文地质特点、水资源禀赋状况、降雨规律、内涝防治要求等，合理确定内涝防治目标与指标，科学规划布局排水（雨水）防涝及雨水资源化利用系统与设施。

1.3.4　先进性原则

基于低影响开发理念，运用先进技术方法，研究集防涝—节水—减排—控污等多种综合效应的多样化村镇内涝防治及雨水资源化利用模式。

1.3.5　就地消纳原则

雨水径流的出路是一个空间分配问题。内涝防治系统的规划设计不应该把问题从一个地方转移到另一个地方，上游产生的问题不能转嫁到下游去。

1.3.6　镇（乡）、村有别，绿色先行

村镇空间表态有别，应根据宜居村庄的排水设施，尽可能采用自然消纳的方式解决雨水问题。

1.4　编 制 依 据

1.4.1　法律法规

本导则遵循现行城乡规划法律法规，采用平行式或嵌入式的编制方法，将雨水资源化利用理念及规划内容与同层级规划体系有效衔接，形成适用于我国国情的村镇雨水资源化利用的规划技术导则。本导则编制主要依据以下法律法规：

《中华人民共和国城乡规划法》；

《城市规划编制办法》（中华人民共和国建设部令第 149 号）；

《城市、镇控制性详细规划编制审批办法》（中华人民共和国住房和城乡建设部令第 7 号）。

1.4.2　标准规范

本导则编制主要依据以下标准规范，并引用了其中的相关条款。凡是不注日期的引用文件，其最新版本适用于本导则。

《镇规划标准》GB 50188—2007；

《镇（乡）村排水工程技术规程》CJJ 124；

《室外排水设计规范》GB 50014；

《城镇给水排水技术规范》GB 50788；

《建筑与小区雨水利用技术规范》GB 50400；

《雨水集蓄利用工程技术规范》GB/T 50596；

《给水排水构筑物施工及验收规范》GB 50141；

《给水排水管道工程施工及验收规范》GB 50268；

《雨水控制与利用工程设计规范》DB11/685—2013；

《城市防洪工程设计规范》CJJ 50。

1.5 主要内容

本导则包括基础调研、规划目标、排水防涝能力与内涝风险评估、规划总论、村镇雨水径流控制、村镇内涝防治及雨水资源化利用规划、规划实施与保障的技术导则。

1.5.1 基础调研包括规划背景、村镇概况、自然条件、现状概况等评估技术导则。

1.5.2 规划目标包括内涝防治及雨水资源化利用目标和指标体系的技术导则。

1.5.3 排水防涝能力与内涝风险评估包括降雨规律分析与下垫面解析、村镇现状排水防涝系统能力及内涝风险评估、雨水资源化利用潜力等技术导则。

1.5.4 规划总论包括规划依据、规划原则、规划范围、规划期限、规划目标、规划标准等技术导则。

1.5.5 村镇雨水径流控制包括径流量控制与径流污染控制等技术导则。

1.5.6 村镇内涝防治规划包括排水（雨水）管渠系统、村镇防涝系统、单元设施类别及其规划设计参数的技术导则。

1.5.7 雨水资源化利用包括雨水利用系统、单元设施类别及其规划设计参数的技术导则。

1.5.8 规划实施与保障包括与法定规划衔接、建设实施和监管评估的技术导则。

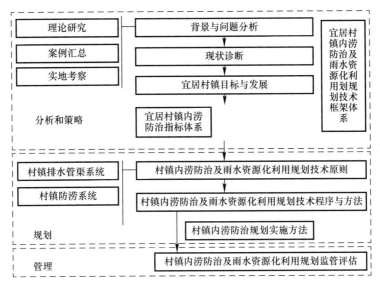

图 1.5.8 宜居村镇防涝及雨水资源化利用规划技术路线图

2 术　语

2.0.1 宜居村镇 livable village

适合人类居住的村镇。

2.0.2 镇域 administrative region of town

镇人民政府行政的地域。

2.0.3 镇区 seat of government of town

镇人民政府驻地的建成区和规划建设发展区。

2.0.4 村庄 village

农村居民生活和生产的聚居点。

2.0.5 内涝 local flooding

强降雨或连续性降雨超过城镇排水能力，导致城镇地面产生积水灾害的现象。

2.0.6 低影响开发 Low Impact Development—LID

低影响开发（LID）主要通过生物滞留设施、屋顶绿化、植被浅沟、雨水利用等措施来维持开发前原有水文条件，控制径流污染，减少污染排放，实现开发区域可持续水循环。

2.0.7 径流量 runoff

降落到地面的雨水，由地面和地下汇流到管渠至受纳水体的流量的统称。径流包括地面径流和地下径流等。在排水工程中，径流量指降水量超出一定区域内地面渗流、滞蓄能力后多余水量产生的地面径流量。

2.0.8 内涝防治系统 local flooding prevention and control system

用于防止和应对城镇内涝的工程性设施和非工程性措施以一定方式组合成的总体，包括雨水收集、输送、调蓄、行泄、处理和利用的天然和人工设施以及管理措施等。

2.0.9 排水工程 wastewater engineering，sewerage

收集、输送、处理、再生和处置污水和雨水的工程。

2.0.10 雨水控制与利用 stormwater management

指削减径流总量、峰值流量及降低径流污染和雨水资源化利用的总称。包括雨水滞蓄、收集回用和调节等。

2.0.11 雨水滞蓄 stormwater retention

在降雨期间滞留和蓄存部分雨水以增加雨水的入渗、蒸发并收集回用。

2.0.12 雨水调蓄 stormwater detention，retention and storage

雨水存储和调节的统称。

2.0.13 雨水调节 stormwater detention

也称调控排放，在降雨期间暂时储存（调节）一定量的雨水，削减向下游排放的雨水峰值径流量、延长排放时间，但不减少排放的总量。

2.0.14 下垫面 underlying surface

降雨受水面的总称，包括屋面、地面、水面等。

2.0.15 排水系统 wastewater engineering system

收集、输送、处理、再生和处置污水和雨水的设施以一定方式组合成的总体。

2.0.16 面源污染 diffuse pollution

通过降雨和地表径流冲刷，将大气和地表中的污染物带入收纳水体，使收纳水体遭受污染的现象。

2.0.17 重现期 recurrence interval

在一定长的统计时间内，等于或大于某统计对象出现一次的平均间隔时间。

2.0.18 生物滞留设施 bioretention facility

指通过植物、土壤和微生物系统滞蓄、渗滤、净化雨水径流的设施，由植物层、蓄水层、土壤层、过滤层（或排水层）构成，包括雨水花园、雨水湿地等形式。

2.0.19 雨水湿地 stormwater wetlands

人工建造的浅水池/塘，并种植适宜的植物，用于径流雨水水质控制和水量调节的雨水设施。

2.0.20 雨水花园 rain garden

雨水花园是自然形成的或人工挖掘的浅凹绿地，被用于汇聚并吸收来自屋顶或地面的雨水，通过植物、沙土的综合作用使雨水得到净化，并使之逐渐渗入土壤，涵养地下水，或使之补给景观用水、厕所用水等用水。是一种生态可持续的雨洪控制与雨水利用设施。

2.0.21 设计降雨量 design rainfall depth

为实现一定的年径流总量控制目标（年径流总量控制率），雨水控制与利用设施能消纳的径流总量所对应的降雨量，一般通过当地多年日降雨资料统计数据获取，通常用日降雨量（mm）表示。

2.0.22 年径流总量控制率 volume capture ratio of annual rainfall

通过自然和人工强化的渗透、储存、蒸发等方式，场地内累计一年得到控制（不外排）的雨量占全年总降雨量的百分比。

2.0.23 渗透塘 infiltration basin

指雨水通过侧壁和池底进行入渗的滞蓄水塘。

2.0.24 湿塘 wet pond

具有雨水调蓄和净化功能的景观水体，雨水同时作为其主要的补水水源。

2.0.25 单位面积控制容积 volume of LID facilities for catchment runoff control

以径流总量控制为目标时，单位汇水面积上所需低影响开发设施的有效调蓄容积（不包括雨水调节容积）。

2.0.26 硬化地面 impervious surface

通过人工行为使自然地面硬化形成的不透水或弱透水地面。

2.0.27 径流系数 runoff coefficient

一定汇水面积内地面径流量与降雨量的比值。

2.0.28 雨水塘 stormwater pond

具有一定净化、景观和生态功能的雨水存储、调蓄设施。

2.0.29 下凹式绿地 depressed green

低于周边地面标高、可积蓄、下渗自身和周边雨水径流的绿地。

2.0.30　植草沟 grassed swales

表面覆盖植被，同时具有径流输送和水质净化功能的雨水沟渠。

2.0.31　初期雨水径流 first flush

单场降雨初期产生的一定量的降雨径流。

2.0.32　土壤渗透系数 permeability coefficient of soil

单位水力坡度下水的稳定渗透速度。

2.0.33　雨水储存 stormwater storage

在降雨期间储存未经处理的雨水。

2.0.34　海绵城市

基于低影响开发理念与技术，指城市能够像海绵一样，在适应环境变化和应对自然灾害等方面具有良好的"弹性"，下雨时能吸水、蓄水、渗水、净水，需要时将蓄存的水"释放"并加以利用。

3 基 础 调 研

3.1 村 镇 概 况

3.1.1 村镇所属行政区划、地理位置与区位。

3.1.2 村镇建设现状：人口规模、社会经济发展水平、用地空间布局、下垫面构成等。

镇区和村庄的规划规模按人口数量划分为特大、大、中、小型四级。在进行镇区和村庄规划时，应以规划期末常住人口的数量按表3.1.2的分级确定级别。

规划规模分级   表 3.1.2

规划人口规模分级	镇区	村庄
特大型	＞50000人	＞1000人
大型	30001～50000人	601～1000人
中型	10001～30000人	201～600人
小型	≤10000人	200人

3.2 自 然 条 件

3.2.1 地理、地形地貌

根据规划区所处位置、地貌类型、地势、高程、坡度、坡向等，分析土地利用方向和雨水排向和利用潜力等。

3.2.2 水系

1 规划区内河流（不承担流域性防洪功能的河流）、湖、坑塘、水库、湿地等水体的几何特征、标高、设计水位及雨水排放口分布等基本情况。

2 规划村镇区域内承担流域防洪功能的受纳水体的几何特征、设计水（潮）位和流量等基本情况。

3 各水体间相互关系，自然排水分区和汇水范围。

3.2.3 水文及气象

描述村镇气候、降雨、土壤和地质等基本情况。缺乏规划区域气象与降水资料统计资料时，可以所在镇或县城相关数据为参考。

3.2.4 上位规划概要

1 村镇性质、规模等内容。

2 村镇发展战略和用地布局等内容。

3 村镇总体规划中与村镇排水防涝相关的绿地系统规划、排水工程规划、给水工程规划、防洪规划等内容。

3.2.5 相关专项规划概要

重点分析防洪规划、竖向规划、绿地系统专项规划、道路（交通）系统规划、水系规划等村镇排水与内涝防治密切相关的专项规划的内容。

3.3   村镇排水系统及内涝风险评估

3.3.1   经济社会发展现状

分析村镇人口结构、生活习俗、居民及公共卫生设施条件、社会经济特征、发展基础、发展需求与目标。针对居住、公共服务、交通、景观等开展村镇居民生活要素需求分析，阐明居民对生活的舒适性与宜人性的满足程度及未来需求。

3.3.2   土地利用现状分析

根据人均建设用地面积现状和近期变化趋势以及各类用地面积比例，评价土地利用构成的合理程度，平面和竖向布置以及下垫面特征及其对排水系统布置的影响。

3.3.3   水环境现状分析

根据地表水资源的分布及利用情况、地表水各部分（河、湖、塘、库等）之间及其与地下水之间的联系，全面分析地表水水质状况、主要污染物及污染来源。

根据规划区地下水的开采利用情况，地下水埋深，地下水与地面的联系等，全面分析地下水体的水质状况、主要污染物及污染来源。

3.3.4   村镇供水排水基础设现状及存在的问题分析

1   说明村镇供水方式（集中供水、分散供或居民自备水源）及供水设施基本情况、水源及水质、供（用水）量及水质等基本情况。

2   说明村镇规划区域内排水分区情况，每个排水分区的面积，最终排水出路等。

3   对村镇排水基础设施的现状进行综合分析，包括现有排水管渠长度、管材、管径、管内底标高、流向、建设年限、设计标准、雨水管道和合流制管网情况及雨水管渠的运行情况；村镇排水泵站位置、设计流量、设计标准、服务范围、建设年限及运行情况。

4   村镇雨水调蓄设施和蓄滞空间分布及容量情况。

5   从体制、机制、规划、建设、管理等方面对存在的问题及成因进行分析。

3.3.5   村镇排水能力与内涝风险评估

根据当地温度、降水量等常规气象要素的特征和变化，以及旱涝、暴雨等灾害类天气的时空分布、强度和频率，分析既往内涝灾情，评估现存内涝风险。

1   降雨规律分析与下垫面解析

（1）按照《室外排水设计规范》GB 50014 的要求，对暴雨强度公式进行评估。简述原有暴雨强度公式的编制时间、方法及适用性。

（2）根据降雨统计资料，建立步长为 5 分钟的短历时（一般为 2～3 小时）和长历时（24 小时）设计降雨雨型，长历时降雨应做好与水利部门设计降雨的衔接。

（3）对村镇地表类型进行解析，按照水体、草地、树林、裸土、道路、广场、屋顶和小区内铺装等类型进行分类。也可根据当地实际情况选择分类类型。下垫面解析成果应做成矢量图块，为后续雨水系统建模做准备。

2   村镇现状排水防涝系统能力评估

（1）排水系统总体评估

对村镇雨水管渠的覆盖程度、各排水分区内的管渠达标率（各排水分区内满足设计标准的雨水管渠总长度与该排水分区内雨水管渠总长度的比值）、村镇雨水泵站的达标情况

（实际排水能力与设计标准条件下雨水泵站应有的排水能力的比值）等进行评估。

（2）现状排水能力评估

在排水防涝设施普查的基础上，推荐使用水力模型对村镇现有雨水排水管网和泵站等设施进行评估，分析实际排水能力。当排水分区面积不大时（<2.0km²），可采用基于暴雨强度公式的推理公式法核算实际排水能力。表3.3.5-1为对应不同暴雨重现期（P）现状排水管网排水能力评估。

对应不同暴雨重现期（P）现状排水管网排水能力评估　　　　表3.3.5-1

P<1	管渠长度（km）	占总长度比例（%）
1≤P<2		
2≤P<3		
3≤P<5 年		
P≥5 年		
合计		100

3　内涝风险评估与区划

推荐采用历史水灾法进行评价。结合规划区域重要性和敏感性，对村镇进行内涝风险等级进行划分。基础资料或计算手段完善时，宜使用水力模型进行村镇内涝风险评估。通过计算机模拟获得雨水径流的流态、水位变化、积水范围和淹没时间等信息，采用单一指标或者多个指标叠加，综合评估村镇内涝灾害的危险性。表3.3.5-2为村镇内涝风险评估。

村镇内涝风险评估　　　　表3.3.5-2

村镇现状易涝点个数（个）	内涝高风险区面积（km²）	内涝中风险区面积（km²）	内涝低风险区面积（km²）

3.4　村镇雨水资源化利用潜力分析

3.4.1　经济社会发展现状

分析村镇人口结构、生活习俗、居民及公共卫生设施条件、社会经济特征、发展基础、发展需求与目标。针对居住、公共服务、交通、景观等开展村镇居民生活要素需求分析，阐明居民对生活的舒适性与宜人性的满足程度及未来需求。

3.4.2　土地利用现状分析

根据人均建设用地面积现状和近期变化趋势以及各类用地面积比例，评价土地利用构成的合理程度和下垫面特征。

3.4.3　水环境现状分析

根据地表水资源的分布及利用情况、地表水各部分（河、湖、塘、库等）之间及其与地下水之间的联系，全面分析地表水水质状况、主要污染物及污染来源。

根据规划区地下水的开采利用情况，地下水埋深，地下水与地面的联系等，全面分析地下水体的水质状况、主要污染物及污染来源。

3.4.4　村镇供排水基础设施现状及存在的问题分析

对村镇水系、水生态、水资源、水环境、水安全、涉水基础设施的现状进行综合分析，对村镇水系统的运行效率和突出问题进行评价。

3.4.5 雨水资源化利用潜力分析

根据居民建筑及公共建筑内卫生器具种类和用水构成，及公用市政设施种类和用水构成，分析可用雨水替代的用水对象及可能的潜力。

3.5 宜居村镇总体规划或相关规划的解读

对宜居村镇总体规划或相关规划进行解读，并对上述规划之间有关排水（雨水）防涝及雨水资源利用内容的协调性进行分析，总结提出存在的主要问题。

4 规 划 总 论

4.1 规 划 依 据

国民经济和社会发展规划、村镇总体规划、国家相关标准规范。

4.2 规 划 原 则

可自行表述规划原则，但应包含以下内容：

1 统筹兼顾原则。保障水安全、保护水环境、恢复水生态、营造水文化，提升人居环境；以排水防涝及雨水资源化利用为主，兼顾初期雨水的面源污染治理。

2 系统性协调性原则。系统考虑从源头到末端的全过程雨水控制和管理，与道路、绿地、竖向、水系、景观、防洪等相关专项规划充分衔接。村镇总体规划修编时，排水防涝及雨水资源化利用规划应与其同步调整。

3 先进性原则。突出理念和技术的先进性，因地制宜，采取蓄、滞、渗、净、用、排结合，实现生态排水、综合排水。

4.3 规 划 范 围

村镇排水防涝规划的规划范围参考村镇总规划的规划范围，并考虑雨水汇水区的完整性，可适当扩大。

4.4 规 划 期 限

规划期限宜与村镇总体规划保持一致，并考虑长远发展需求。

近期建设规划期限为 5 年。

4.5 规 划 目 标

4.5.1 发生村镇雨水管网设计标准以内的降雨时，地面不应有明显积水。

4.5.2 发生村镇内涝防治标准以内的降雨时，村镇不能出现内涝灾害（各地可根据当地实际，从积水深度、范围和积水时间三个方面，明确内涝的定义）。

4.5.3 发生超过村镇内涝防治标准的降雨时，村镇运转基本正常，不得造成重大财产损失和人员伤亡。

4.5.4 综合考虑规划村镇的用水、排水防涝、水污染防治需求，实现雨水资源的高效利用，改善生态环境以及营造多功能景观等目标。

4.6 指 标 体 系

4.6.1 指标体系的作用

1 是宜居村镇内涝防治及雨水资源化利用规划、设计、施工、验收、考核评价和运行管理的重要工具与量化目标。

2 指标体系使村镇内涝防治及雨水资源化利用设施建设过程及其效果可量测、可监督，让村镇管理决策部门掌控内涝防治及雨水资源化利用设施建设方向与评价和测评标准。

4.6.2 指标体系构建原则

指标体系的构建应坚持科学性与可操作性相结合、定量与定性相结合、特色与共性相结合等原则。

4.6.3 指标体系构建方法

1 指标体系的编制应结合前期基础调研，力求因地制宜，反映地方特色。

2 内涝防治目标。解析村镇本底水资源、水环境、渍涝风险等现状问题，明确内涝防治的主要目标及综合效应。

3 雨水资源化利用目标。解析村镇本底水资源、水环境、渍涝风险等现状问题，明确雨水资源化利用的主要目标及综合效应。

4 指标体系分类框架。基于内涝防治目标，借鉴国内外相关指标体系的分类框架，参考我国已经制定的权威指标体系分类和当前在建生态村镇的指标体系划分方法，确定村镇内涝防治指标体系的分类框架。

5 遴选评价指标。参考具有典型性和权威性的指标体系，确定潜在指标库。基于指标选取标准，遴选承涝能力和雨水资源化利用指标，构建指标体系。

6 指标赋值。通过现状分析、规划预测、政策标准、国内外案例对比等方式科学合理确定赋值。

4.6.4 指标体系框架

1 指标体系结构可分为三层，分别为目标层、路径层和指标层。

2 目标层是指内涝防治和雨水资源化利用所要达到的目标。

3 路径层是指要达成上述目标的路径选择，涉及内涝防治的关键领域，如下垫面构成、水资源利用、村镇竖向规划、地表水体、水生态环境、绿化景观等内容。

4 指标层是指实现上述路径应该通过的具体指标。

表 4.6.4-1 为宜居村镇排水防涝规划指标体系参考示例表；表 4.6.4-2 为我国部分城市径流总量控制率对应的设计降雨量值一览表；表 4.6.4-3 为宜居村镇雨水资源化利用规划指标体系参考示例表。

宜居村镇排水防涝规划指标体系参考示例表　　　　表 4.6.4-1

目标层	路径层	指标名称	赋值建议		适用范围			控制项	引导项
			基础目标	提升目标	总规	专项	控规		
村镇排水	雨水管渠及泵站	暴雨重现期（年）	1	2	√	√	√	√	
内涝防治	源头控制	年径流总量控制率（%）	>50		√	√	√		√
		设计降雨量（mm）			√	√	√		√
		单位面积控制容积（m³/m²）			√	√	√		√
		透水性地面的比例（%）	>40		√	√	√	√	
	雨水管渠及泵站	内涝防治重现期（年）	10	20	√	√	√	√	
		地面滞水深度（mm）	250	150	√	√	√	√	
		地面滞水时间（h）	12	6	√	√	√	√	

目标层	路径层	指标名称	赋值建议		适用范围			控制项	引导项
			基础目标	提升目标	总规	专项	控规		
内涝防治	径流削峰调蓄	小时峰值径流调蓄率（%）	30	50	√	√	√	√	
超标雨水	区域性超标雨水排泄通道	超标内涝防治重现期（年）	20	30	√	√	√	√	

注：**1.** 小时峰值径流调蓄率＝调蓄容积/小时峰值径流量。

    2. 基础目标与提升目标可分别与近、远期目标相对应。

    3. 设计降雨量用于调蓄容积的计算。一般可取规划年径流总量控制率所对应的降雨量。但当雨水资源化利用刚性较强时，设计降雨量取值可不受规划年径流总量控制率限制，可根据年降雨量分布资料和可充分利用的工程建设条件，选取尽可能大的降雨量作为设计值。

    4. 单位面积控制容积指的设计降雨量（可参考表 4-1 取值）条件下，单位面积用地所需调蓄容积。

    5. 下沉式绿地率＝广义的下沉式绿地面积/绿地总面积，广义的下沉式绿地泛指具有一定调蓄容积（在以径流总量控制为目标进行目标分解或设计计算时，不包括调节容积）的可用于调蓄径流雨水的绿地，包括生物滞留设施、渗透塘、湿塘、雨水湿地等。

    6. 下沉深度指下沉式绿地低于周边铺砌地面或道路的平均深度，下沉深度小于 100mm 的下沉式绿地面积不参与计算（受当地土壤渗透性能等条件制约，下沉深度有限的渗透设施除外），对于湿塘、雨水湿地等水面设施系指调蓄深度。

    7. 透水铺装率＝透水铺装面积/硬化地面总面积。

    8. 绿色屋顶率＝绿色屋顶面积/建筑屋顶总面积。

    9. 此表只作为参考，各地应根据自身条件及特点，因地制宜进行指标选取及赋值。

我国部分城市年径流总量控制率对应的设计降雨量值一览表   表 4.6.4-2

城市	不同年径流总量控制率对应的设计降雨量（mm）				
	60%	70%	75%	80%	85%
酒泉	4.1	5.4	6.3	7.4	8.9
拉萨	6.2	8.1	9.2	10.6	12.3
西宁	6.1	8.0	9.2	10.7	12.7
乌鲁木齐	5.8	7.8	9.1	10.8	13.0
银川	7.5	10.3	12.1	14.4	17.7
呼和浩特	9.5	13.0	15.2	18.2	22.0
哈尔滨	9.1	12.7	15.1	18.2	22.2
太原	9.7	13.5	16.1	19.4	23.6
长春	10.6	14.9	17.8	21.4	26.6
昆明	11.5	15.7	18.5	22.0	26.8
汉中	11.7	16.0	18.8	22.3	27.0
石家庄	12.3	17.1	20.3	24.1	28.9
沈阳	12.8	17.5	20.8	25.0	30.3
杭州	13.1	17.8	21.0	24.9	30.3
合肥	13.1	18.0	21.3	25.6	31.3
长沙	13.7	18.5	21.8	26.0	31.6
重庆	12.2	17.4	20.9	25.5	31.9
贵阳	13.2	18.4	21.9	26.3	32.0
上海	13.4	18.7	22.2	26.7	33.0
北京	14.0	19.4	22.8	27.3	33.6
郑州	14.0	19.5	23.1	27.8	34.3
福州	14.8	20.4	24.1	28.9	35.7
南京	14.7	20.5	24.6	29.7	36.6
宜宾	12.9	19.0	23.4	29.1	36.7

续表

城市	不同年径流总量控制率对应的设计降雨量（mm）				
	60%	70%	75%	80%	85%
天津	14.9	20.9	25.0	30.4	37.8
南昌	16.7	22.8	26.8	32.0	38.9
南宁	17.0	23.5	27.9	33.4	40.4
济南	16.7	23.2	27.7	33.5	41.3
武汉	17.6	24.5	29.2	35.2	43.3
广州	18.4	25.2	29.7	35.5	43.4
海口	23.5	33.1	40.0	49.5	63.4

宜居村镇雨水资源化利用规划指标体系参考示例表 表 4.6.4-3

目标层	路径层		指标名称	赋值建议		适用范围			控制项	引导项
				基础目标	提升目标	总规	专项	控规		
雨水利用	集蓄、净化、使用		雨水利用率（%）	20	30	√	√	√	√	
径流控制	综合	渗、滞、蓄措施	年径流总量控制率（%）	>50	>70	√	√	√	√	
			设计降雨量（mm）							
			单位面积控制容积（m³/m²）							
		径流污染控制	SS 总量去除率（%）	>50	>70	√	√	√		√
	单项	下沉式绿地	下沉式绿地（%）							
			下沉深度（mm）							
		透水铺装	透水铺装率（%）							
		绿色屋顶	绿色屋顶率（%）							
		其他								
内涝防治	径流削峰调蓄		内涝防治重现期（年）	10	20	√	√	√		√

注：1. 雨水利用率为雨水利用量/村镇综合用水量（生活用水＋市政用水）。
  2. 此表只作为参考，各地应根据自身条件及特点，因地制宜进行指标选取及赋值。

4.6.5 指标项内容

1 指标项包括指标定义、选取依据、计算方法、评判标准、指标赋值、实施建议等内容。

2 排水系统设计重现期、内涝防治重现期等 2 个指标应在内涝防治规划中作为重点关注指标，与镇总规、村庄规划相结合。

3 雨水利用率、年径流总量控制率等 2 个指标应在雨水利用规划中作为重点关注指标，与镇总规、村庄规划相结合。

4.6.6 指标体系实施

1 指标体系应设定宜居村镇创新机制，将工作分解到各部分建设管理实践中，在审批的各个环节中加以控制。指标体系的分解实施宜从实施主体、阶段和途径三方面进行细化分解。

2 将村镇内涝及雨水资源化指标体系纳入村庄规划。

图 4.6.6 为村镇内涝防治及雨水资源化利用指标体系实施路线图。

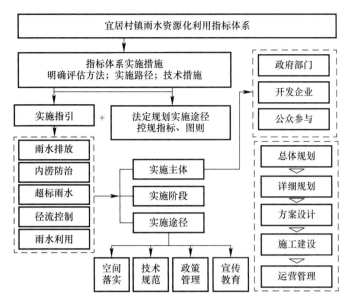

图 4.6.6　村镇内涝防治及雨水资源化利用指标体系实施路线图

4.7　规　划　标　准

依据排水防涝及雨水资源化利用规划指标体系，合理确定各项规划设计标准。

4.7.1　雨水径流控制标准

根据低影响开发的要求，结合村镇地形地貌、气象水文、社会经济发展情况，合理确定雨水径流量控制、源头削减的标准以及村镇初期雨水污染治理的标准。

村镇开发建设过程中应最大程度减少对村镇原有水系统和水环境的影响，新建地区综合径流系数的确定应以不对水生态造成严重影响为原则，一般宜按照不超过 0.5 进行控制；旧区改造后的综合径流系数不能超过改造前，不能增加既有排水防涝设施的额外负担。

新建地区的硬化地面中，透水性地面的比例不应小于 40%。

4.7.2　雨水管渠、泵站及附属设施规划设计标准

管渠和泵站的设计标准、径流系数等设计参数应根据《室外排水设计规范》GB 50014 的要求确定。其中，径流系数应该按照不考虑雨水控制设施情况下的规范规定取值，以保障系统运行安全。

4.7.3　村镇内涝防治标准

通过采取综合措施，能有效应对不低于 20 年一遇的暴雨；对经济条件较好且暴雨内涝易发的村镇可视具体情况采取更高的村镇排水防涝标准。

4.7.4　雨水资源化利用标准

根据宜居村镇空间形态和水资源禀赋特征，对镇和村可采用不同的雨水资源化利用标准。对于缺水地区，雨水资源化利用的主要目的是解决生活用水水源，而对于非缺水或丰水地区，雨水资源化利用的目的更侧重于节水减排。具体指标，各地可根据实际情况确定。

4.8 系 统 方 案

4.8.1 系统综合

采取雨水管渠应对经常发生的小重现期降雨，采用源头控制设施、排水管渠设施以及其他内涝防治设施等多种措施共同应对大重现期暴雨。

1 制定宜居村镇低影响开发雨水系统的实施策略、原则和重点实施区域。因地制宜地确定村镇年径流总量控制率及其对应的设计降雨量目标。

2 结合村镇空间布局规划，确定需保留和恢复的村镇排涝空间。

3 根据村镇的水文地质条件、用地性质、功能布局及近远期发展目标，综合经济发展水平等其他因素提出 LID 策略及重点建设区域。

4.8.2 源头控制

根据降雨、气象、土壤、水资源等因素，综合考虑蓄、滞、渗、净、用、排等多种措施组合的村镇排水防涝系统方案。借鉴低影响开发建设模式，贯彻自然积存、自然渗透、自然净化的理念，通过降低场地径流系数、延长雨水径流时间，以减少村镇内涝发生的频率和程度，解决低洼地区等重点地段的排水防涝问题，缓解村镇下游排水系统压力。通过集中或分散式雨水控制利用系统的建设，控制初期径流，减少面源污染，满足水环境容量限制并有效改善村镇水环境。

4.8.3 因地制宜

在地下水水位低、下渗条件良好的地区，应加大雨水促渗；对于水资源缺乏地区，应加强雨水资源化利用；受纳水体顶托严重或者排水出路不畅的地区，应积极考虑河湖水系整治和排水出路拓展。

对建成区，提出排水防涝设施的改造方案，结合老旧房屋改造、道路大修、架空线入地等项目同步实施。

明确对敏感地区如幼儿园、学校、医院等地坪控制要求，确保在内涝防治标准以内不受淹。

4.8.4 综合利用

采取屋顶及晒场汇流、雨水湿地、雨水沟渠、雨水塘等设施对雨水进行收集及必要的处理，用作生活用水或冲厕、绿化景观用水和清洗路面等杂用水，高效利用雨水资源。

5　宜居村镇雨水径流控制

5.1　径流量控制

根据径流控制的要求，提出径流控制的方法、措施及相应设施的布局。

对村庄规划提出径流控制要求，作为村庄土地利用的约束条件，明确单位土地面积的雨水蓄滞量、透水地面面积比例和绿地率等。

根据村镇低影响开发（LID）的要求，合理布局下凹式绿地、植草沟、人工湿地、可渗透地面、透水性停车场和广场，利用绿地、广场等公共空间蓄滞雨水。

除因雨水下渗可能造成次生破坏的湿陷性黄土地区外，其他地区应明确新建区的控制措施，确保新建区的硬化地面中，可渗透地面面积不低于40%；明确现有硬化路面的改造路段与方案。

5.2　径流污染控制

根据初期雨水的污染变化规律和分布情况，分析初期雨水对村镇水环境污染的贡献率，确定初期雨水截流总量；通过方案比选确定初期雨水截流和处理设施规模与布局。

5.3　雨水资源化利用

根据当地水资源禀赋条件，确定雨水资源化利用的用途、方式和措施。

6 村镇内涝防治系统规划

6.1 村镇排水（雨水）管网系统规划

6.1.1 排水体制

除干旱地区外，新建地区应采用雨污分流制。

对现状采用雨污合流的，应结合村镇建设与老旧房屋改造，加快雨污分流改造。暂时不具备改造条件的，应加大截流倍数。

对于雨污分流地区，应根据初期雨水污染控制的要求，采取截流措施，将截流的初期雨水进行达标处理。

6.1.2 排水分区

根据村镇地形地貌和河流水系等，合理确定村镇的排水分区。

6.1.3 排水管渠

结合村镇地形水系和已有管网情况，合理布局村镇排水管渠。对于宜居村庄，应以就近排放消纳为主。充分考虑与防洪设施和内涝防治设施的衔接，确保排水通畅。

对于集雨面积 $2km^2$ 以内的，可以采用推理公式法进行计算；采用推理公式法时，折减系数 m 值取 1。对于集雨面积大于 $2km^2$ 的管段，推荐使用水力模型对雨水管渠的规划方案进行校核优化。

根据村镇现状排水能力的评估结果，对不能满足设计标准的管网，结合村镇改造的时序和安排，提出改造方案。

6.1.4 排水泵站及其他附属设施

结合排水管网布局，合理设置排水泵站；对设计标准偏低的泵站提出改造方案和时序。

6.2 村镇防涝系统规划

6.2.1 平面与竖向控制

结合村镇内涝风险评估的结果，优先考虑从源头降低村镇内涝风险，提出用地性质和场地竖向调整的建议。

6.2.2 村镇河道水系综合治理

根据村镇排水和内涝防治标准，对现有河道水系及其水工构筑物在不同排水条件下的水量和水位等进行计算，并划定蓝线；提出河道清淤、拓宽、建设生态缓坡和雨洪蓄滞空间等综合治理方案以及水位调控方案，在汛期时应该使水系保持低水位，为排水防涝预留必要的调蓄容量。

6.2.3 村镇防涝设施布局

1 涝水行泄通道

结合村镇竖向和受纳水体分布以及村镇内涝防治标准，合理布局涝水行泄通道。行泄通道应优先考虑地表的排水干沟、干渠以及道路排水。

　　2　村镇雨水调蓄设施

　　优先利用村镇农田、凹地等作为临时雨水调蓄空间；也可设置雨水调蓄专用设施。

6.2.4　与防洪设施的衔接

　　统筹防洪水位和雨水排放口标高，保障在最不利条件下不出现顶托，确保村镇排水通畅。

7 宜居村镇雨水资源化利用规划

7.1 总体规划层面

7.1.1 低影响开发设施策略

7.1.2 蓝线绿线划定

以河流、湖泊、湿地、坑塘、沟渠等蓝色空间和公园绿地、防护绿地、生产绿地等绿色空间为主体，划定村镇蓝线和绿线，并与低影响开发雨水系统、村镇雨水管渠系统及超标雨水径流排放系统相衔接，提出村镇雨水利用建设的重点区域及主要控制目标和指标。

7.1.3 利用基本方针

宜居村镇应提出雨水资源化利用的基本原则和建设方针，研究确定雨水资源化利用的规模、总体布局与分层规划，统筹安排近期雨水资源化利用的建设项目，研究提出雨水资源化利用的远景发展规划。村镇雨水资源化利用总体规划的期限与村镇总体规划同期，一般为 20 年。

7.2 专项规划层面

7.2.1 现状分析

1 编制村镇雨水资源化利用专项规划前，应充分把握村镇雨水利用的现状。

2 通过科学手段了解降雨、村镇下垫面（不透水面积的空间分布）、土壤、地下水、排水系统、村镇开发前的水文状况等基本特征，分析雨水资源化利用的现实和潜在需求特征。

3 充分掌握现有雨水利用基础设施的性质、规模、分布、承载力和利用率等特征，研判雨水资源化利用系统的发展约束、机遇和潜力。

4 分析现有雨水工程设施对雨水资源化利用需求的适应性，把握供需的主要矛盾及发展趋势。

7.2.2 系统选择

1 根据雨水利用的目的和功能，村镇雨水利用系统可分为雨水集蓄利用系统、雨水渗透系统和综合利用系统，各系统可单独应用，也可组合应用。

2 雨水集蓄利用系统由雨水收集、贮存、处理以及回用等设施组成，在干旱、半干旱等缺水地区宜优先选用；雨水渗透系统由雨水收集、渗透等设施组成，较适用于土壤渗透性较好、地下水位下降严重或水位较低的地区；雨水综合利用系统可以是雨水集蓄利用系统和渗透系统的结合，也可与径流污染控制和水涝控制等系统统筹考虑。

3 根据降雨、气象、土壤、水资源等因素，综合考虑蓄、滞、渗、净、用、排等多种措施组合的村镇雨水防涝与利用系统方案。在村镇地下水水位低、下渗条件良好的地区，应加大雨水促渗；村镇水资源缺乏地区，应加强雨水资源化利用；受纳水体顶托严重或者排水出路不畅的地区，应积极考虑河湖水系整治和排水出路拓展。

4 村镇雨水利用工程应尽量维持村镇原有水文环境，充分利用现有水体，根据当地地形、地貌和地质等条件合理确定雨水利用系统方案。

5 面积较大的村镇（村域面积大于 50hm²），雨水利用工程宜优先采用分散的源头措施，并根据项目条件，结合现有坑塘等水系，采用集中式雨水利用方式或分散与集中相结合的方式。

6 村镇雨水利用系统的选择应考虑下列因素：（1）需水量及利用途径；（2）场地排水安全要求；（3）场地内空间条件；（4）降雨及径流雨水的水质；（5）当地土壤渗透性能及地下水条件；（6）当地环境卫生状况；（7）经济技术条件等。

7 将雨水作为饮用水源的村域，优先收集利用屋面雨水；当选择其他汇水面时，应选用雨水塘、沉淀池等作为预处理设施，有条件的地方可采用混凝、沉淀等作为后续处理工艺。

8 当收集雨水用于饮用水、畜禽养殖用水、洗涤用水时，必须经过消毒处理。

7.3 控制性规定层面

7.3.1 控制性指标体系

1 雨水资源化利用控制性指标体系。按照雨水利用、径流控制和内涝防治的要求，针对村镇雨水资源化利用、排水防涝、水污染防治、环境保护等提出规划控制性指标体系。

2 主要指标应包括雨水利用率指标和年径流总量控制率指标两个层面。雨水利用率指标主要是体现了雨水资源化的程度。年径流总量控制率指标主要是体现了雨水的渗、蓄、滞、净、用等综合效益。

7.3.2 雨水集蓄利用系统

1 缺水地区的村镇中主要用于生活用水的雨水集蓄利用系统宜由雨水径流的收集、雨水存储与净化利用设施组成。

2 庭院与村镇集蓄雨水用作生活用水的系统应独立设置，避免污水、废水纳入。

3 雨水集蓄利用系统设计规模应根据当地降雨量、蒸发量、用水量等进行年水量平衡核算。

4 村镇集中雨水集蓄利用工程应设置净水设施，作为饮用水源的雨水集蓄利用工程，雨水处理后出水水质应符合《国家生活饮用水水质标准》GB 5749 及相关国家、行业标准的规定。

7.3.3 雨水渗透系统

1 在雨水渗透系统规划设计时，应充分考虑现场的地质条件、地形、高程、绿地、地下管线等构筑物的布局、当地降雨特点、雨水水质以及各渗透设施的特点和适用条件，经水力和水量平衡计算，进行不同方案的技术经济分析比较。

2 渗透系统应优先选用雨水湿地、下凹式绿地、雨水塘等自然下渗设施；当需渗透雨水量较大时可采用蓄渗设施。

3 蓄渗设施的选址应符合下列规定：

（1）渗蓄设施底部距地下水最高水位或地下不透水岩层应不小于 1m。

（2）设施的渗透速率不应小于 1×10^{-6}m/s。

（3）雨水径流不应污染地下水。

（4）蓄渗设施不会对周边建（构）筑物及其地基造成破坏，蓄渗设施距建筑物基础应不小于 3m，且蓄渗设施周边无地下构筑物。

4 蓄渗设施应配备初期弃流或截污设施对径流进行预处理，避免造成地下水体污染和蓄渗设施堵塞。

5 蓄渗设施蓄积雨水的排空时间不应大于 36h。

6 下列场地条件不宜采用雨水蓄渗系统：

（1）附近有裸露地面、径流中 SS 浓度高易造成渗透设施堵塞的场地。

（2）易发生陡坡坍塌、滑坡、泥石流等灾害的场地。

（3）黏重土壤、湿陷性黄土、膨胀土和高含盐土等地质条件的地区。

（4）垃圾堆放或填埋场地附近，有污染源的村镇企业附近。

7.3.4 雨水排放系统

1 村镇雨水转输、排放系统应根据当地条件，应结合雨水资源的合理利用、径流减排和污染控制，就近安全排放，减少水涝。

2 村镇雨水转输与排放设施选择应因地制宜，根据村镇发展程度、自然条件、受纳水体条件、村镇已有雨水、污水收集处理设施情况，经综合分析后确定。

3 村镇雨水利用工程径流转输设施宜选择植草沟或植草沟与雨水管道、衬砌渠道结合的形式；有特殊要求的地区，可根据当地条件选用盖板沟、暗渠、管道等形式。

4 村镇雨水径流排放方式、途径的选择，应根据村镇发展程度、自然条件、现有排水设施完善程度等综合考虑后确定。

5 村镇径流排放应结合当地条件，选用径流调蓄设施，保证村域排涝安全，径流调蓄设施选用应符合以下规定：

（1）调蓄设施宜采用地上开敞式设施，并结合村域现有河道、坑、塘、沟渠调蓄雨水，充分利用现有地表水体调节容量。

（2）排涝设计标准可参照同一地区村镇的设计重现期，根据村镇的经济发展水平和控制涝灾的重要性，取较城市略低或相近的设计标准。通常情况下，山区、丘陵等地形坡度大的区域，宜选用高值。

6 山区村镇雨水输送排放应结合山洪和泥石流防治措施，并应符合《城市防洪工程设计规范》CJJ 50 和《镇（乡）村排水工程技术规程》CJJ 124 的相关规定。

8 村镇雨水资源化利用设施

8.1 雨水利用设施布局与规模

8.1.1 根据不同地区水资源状况的不同、降雨特性差别、下垫面情况以及雨水方式的不同，村镇雨水利用设施采用不同的模式。

8.1.2 合理确定雨水利用设施保障能力，确定建设标准、设施规模和空间布局。

8.1.3 针对不同的规划用地类型提出雨水利用设施占地比例，确定雨水资源化利用设施的数量、规模、位置、处理深度与服务范围。

8.1.4 建筑、道路、绿地等竖向规划设计应有利于径流汇入雨水利用设施。

8.2 雨水利用设施

8.2.1 建筑与庭院雨水设施

1 建筑与庭院雨水控制利用的目标以控制面源污染、削减地表径流为主，水资源匮乏地区则以雨水收集利用为主。适宜在庭院使用的雨水设施主要有：屋面汇流设施、水窖、贮存池。

2 集蓄屋面径流，宜优先选用瓦屋面；草泥屋面宜改为瓦屋面，应优先考虑采用当地普遍使用的环保型屋面材料。

3 干旱、半干旱地区村镇，雨水宜采用集流场收集。新建、改建、扩建、迁建的住宅，宜考虑将屋面建成汇流面。

4 集流场应采用防渗材料修建。庭院集流场防渗材料可采用混凝土、水泥土、塑料薄膜覆砂、黄土夯实、灰土等；屋面可采用水泥瓦、机瓦、青瓦等。

5 收集屋面径流宜采用檐沟、天沟和雨落管，瓦屋面应设置接水槽。有条件时，可将雨水贮存设施建在较高位置，易于自流供水。

6 村镇屋面、庭院、晒场等小汇水面初期雨水径流宜作弃流处理，可在雨水贮存设施前设置初期弃流装置；不具备条件的地区，可采用人工临时封堵贮存设施的方式实现弃流，并设置分水口与泄水道。

7 以满足生活用水为主的窖（池）应建在庭院内地形较低处；周边不得有其他污染的水源或污染物存在。并应进行防渗处理，防渗材料可选用红黏土、混凝土或水泥砂浆。有条件地区也可在农家房前或田间采用露天敞口池收集贮存雨水。

8 雨水处理工艺应根据收集雨水的水量、水质及雨水回用的水质要求等因素，经技术经济比较后综合确定。

9 雨水处理工艺可采用物理法、化学法或多种工艺组合，具有较高的水质要求时，应增加深度处理措施。

10 集蓄的雨水作为饮用水时，可适量投加明矾（硫酸铝）、消石灰、碱式氯化铝等化学药剂加速水体澄清。

11 集蓄的雨水作为饮用水时，应进行消毒处理，可选用"漂白粉"、"灭疫皇"等消毒药剂；有条件的地区，可选用紫外线消毒。无条件采用消毒措施时，应煮沸后饮用。

8.2.2 村镇道路雨水设施

1 道路雨水控制利用的目标以控制面源污染与削减地表径流为主，雨水调节和收集利用为辅。适宜在道路使用的分散式雨水设施主要有：植草沟、雨水花园、透水铺装。

2 村镇道路路面一般为碎石路、柏油路或水泥路，路两侧设植草沟排水。没有条件在路侧做植草沟时，雨水在路面上流动，路面沿规划的水流方向设置顺水坡度。

3 植草沟设计时应符合以下规定：

（**1**）沟渠断面宜采用梯形，也可采用三角形、半圆形等形式。

（**2**）沟渠应按满流设计，超高不应低于 0.2m。

（**3**）沟渠的最大设计流速根据沟渠水流深度确定：水流深度 $h<0.4$m 时，V_{max} 取 1.4m/s；$0.4<h<1.0$m 时，V_{max} 取 1.6m/s。

（**4**）植草沟最小设计流速宜取 0.4m/s。

（**5**）雨水输送植草沟纵坡宜控制在 $0.01\sim0.05$，当坡度大于 0.05 时，应间隔 $20\sim30$m 设置溢流堰，溢流堰宜选用混凝土、砖砌或碎石等当地材料现场制作。

（**6**）兼具渗透功能的植草沟纵坡可选取低值或采用平坡。

（**7**）当植草沟采用梯形断面时，其底宽不宜小于 150mm，边坡宜控制在 $1:1\sim1:2.5$。

（**8**）沟渠转弯处，其中心线的弯曲半径不宜小于设计水面宽度的 5 倍。

8.2.3 村镇绿地雨水设施

1 村镇绿地雨水控制利用的目标以雨水调节、控制面源污染、收集利用为主，并应尽可能收集处理周边的径流。适宜在村镇绿地使用的分散式雨水设施主要有：雨水花园、植草沟、植被缓冲带、雨水湿地、雨水塘、生态堤岸。

2 将村镇绿地周边汇水面（如广场、自然坡面等）的雨水径流通过合理竖向设计引入村镇绿地，结合排涝规划要求，设计雨水控制利用设施。

3 充分利用景观水体和植被，建议绿地设计为下沉式绿地，采用雨水花园、植草沟、雨水塘以及雨水湿地等雨水滞蓄、调节设施滞留、净化及传输雨水。

4 将雨水处理设施与景观设计相结合，通过布置多功能调蓄设施，在满足景观要求的同时，对雨水水质和径流量进行控制，并对雨水资源进行合理利用。

5 在有条件的村镇河段建议采用生态堤岸等工程设施，降低径流污染负荷。位置和规模可结合水系及沿岸绿化带条件和管线汇水区域特征布置。可在河道入河口处设消能设施，防止对河岸造成侵蚀。

8.2.4 村镇水系雨水设施

1 村镇水系雨水控制利用的目标以雨水调节、污染治理、防洪治涝为主，并应尽可能收集处理村镇道路、建筑与庭院、自然坡面的径流。适宜在村镇水系使用的雨水设施主要有：雨水塘、雨水湿地、调节塘、生态沟渠等。

2 应保护现状河流、湖泊、湿地、坑塘、沟渠等村镇自然水体。

3 应充分利用村镇自然水体设计雨水塘、雨水湿地等具有雨水调蓄功能的低影响开发设施，雨水塘、雨水湿地的布局、调蓄水位等应与村镇上游雨水管渠系统、超标雨水径流排放系统及下游水系相衔接。

4 地表径流雨水进入滨水绿化控制线范围内的低影响开发设施前，应利用沉淀池、前置塘等对进入绿地内的径流雨水进行预处理，防止径流雨水对绿地环境造成破坏。

5 低影响开发设施内植物宜根据水分条件、径流水质等进行选择，宜选择耐盐、耐淹、耐污等能力较强的乡土植物。

6 利用池塘等水体调蓄雨水，设计时应符合以下规定：

（1）调蓄设施的调蓄容积可采用式（8.2.4-1）计算，有特殊要求时，可根据设计降雨过程变化曲线和设计出水流量变化曲线经计算确定：

$$V = \max\left[\frac{60}{1000}(Q - Q')t_{\mathrm{m}}\right] \tag{8.2.4-1}$$

式中 V——调蓄容积（m^3）；

t_{m}——设施调蓄范围的蓄水历时（min）；

Q——雨水设计流量（L/s）；

Q'——设计排水流量（L/s），按式（8-2）计算

$$Q' = \frac{1000W}{t'} \tag{8.2.4-2}$$

式中 W——雨水设计径流总量（m^3）；

t'——设施调蓄范围的排空时间（s），宜按 6～12h 计。

（2）调蓄设施应设置溢流口（管），溢流水位与调蓄设施的高（洪）水位持平，溢流口尺寸和溢流管管径应根据当地规划的防洪标准确定。

（3）调蓄的雨水宜采用重力流自然排除；设有出水管的调蓄设施出水管管径应根据设计排水流量确定；也可根据设施的调蓄容积进行估算，如表 8.2.4 所示。

调蓄设施出水管管径估算表   表 8.2.4

调蓄容积（m^3）	出水管管径（mm）
500～1000	200～250
1000～2000	200～300

（4）采用现有池塘等水体调蓄雨水，超过调蓄能力的雨水可通过溢流口（管）排除。

（5）调蓄设施设计洪水位上安全超高不应小于 0.3m。

8.2.5 雨水利用设施运行管理

1 村镇雨水利用设施的运行管理应建立相应管理制度，包括设施运行状况监测、设施维护等，并应作运行维护管理记录；大型设施的运行管理人员应经过专门培训上岗。

2 严禁向雨水收集口倾倒垃圾和生活污（废）水。

3 汇流面的清扫与维护应符合以下要求：

（1）用于收集村镇集雨饮用水的汇集流面，降水前应及时清扫。

（2）应定期清理作为饮用水的雨水集蓄系统的接水槽、集流沟、输水渠，清理沉淀池中的泥沙，清扫过滤网前的杂物。

（3）严禁在作为汇流面的庭院进行勾兑化肥、农药等操作，应防止畜禽进入。

4 雨水渗透设施建造完工后 1～2 年内，为保障植物生长，非雨季应进行定期浇灌，浇灌次数根据植物生长状况和植物种类确定。

5　村镇雨水渗透利用设施表层及植物检查与维护应符合以下规定：

（**1**）运行维护阶段应定期检查植被生长状况，防止过度繁殖，并及时对病、死植物进行移除和补种。

（**2**）雨水花园等渗透利用设施覆盖层应进行维护，覆盖层厚度不宜小于 50mm；汇流停车场、机动车道路径流的雨水滞留设施，应定期更换覆盖层，以 2 年更换 1 次为宜。

（**3**）暴雨后，应及时检查村镇雨水渗透利用设施植被和覆盖层损坏情况，清除设施表面垃圾及沉积物，必要时应补充覆盖层并补种坏、死植被。

6　应加强雨水利用设施的植物病虫害防治，防治过程中应尽量避免增加径流污染。

7　村镇雨水利用设施应建立定期植物收割制度，以每年收割 1～2 次为宜；灌木类植物宜定期剪枝。

8　村镇雨水渗透利用设施土壤或人工填料宜定期更换。

9　雨水贮存池应定期清洗，处理后的雨水水质应定期监测。

9 规划实施与保障

9.1 与村镇总体规划衔接

将排水（雨水）防涝及雨水资源利用的理念作为村镇总体规划的原则与方向，并纳入总体规划文本中。结合防涝及雨水资源化要求对规划区内土地使用、空间布局、能源资源及各项建设进行综合部署，在保障区域防洪排涝的前提下指导空间管制区划。

9.2 与村镇详细规划衔接

9.2.1 将排水（雨水）防涝及雨水资源化利用规划的具体要求纳入村镇详细规划的通则与图则中，按照规划审批流程报批实施，相关指标纳入规划设计要点指导实施。

9.2.2 表9.2.2为与法定规划衔接内容表。

与法定规划衔接内容表

表 9.2.2

村镇排水（雨水）防涝及雨水资源化利用规划	总体规划	水环境保护	划定保护水体的控制地域界线，明确岸线保护和控制要求
		低影响开发	制定村镇低影响开发雨水系统的实施策略、原则和重点实施区域
		排水	确定排水体制、排水分区、排水标准
		防洪	确定防洪标准、控制水位
		道路及场地竖向	确定地面径流重力自排走向
		用地	纳入排水防涝设施建设用地
		给水	水资源利用及节水
	控制性详细规划	排水控制指标	排水重现期
		防涝控制指标	防涝重现期、渍水深度、单位面积雨水调蓄容量
		低影响开发控制指标	明确各地块低影响开发主要控制指标，如下沉式绿地率、透水铺装率等，确定地块内低影响开发设施类型及其规模

9.3 建 设 实 施

9.3.1 实施时序

要与总体规划相衔接，明确近、远期主要工程建设内容及工程量。

9.3.2 体制机制

可参照《国务院办公厅关于做好城市排水防涝设施建设工作的通知》（国办发〔2013〕23号）要求，建立有利于村镇排水防涝统一管理的体制机制，村镇排水主管部门要加强统筹，结合阶段目标，统筹城乡排水防涝规划、设施建设和相关工作，确保规划的要求全面落实到建设和运行管理上。

9.3.3 信息化建设

可参照住房和城乡建设部《城市排水防涝设施普查数据采集与管理技术导则（试行）》，结合现状普查，加强普查数据的采集与管理，确保数据系统性、完整性、准确性，为建立村镇排水防涝的数字信息化管控平台创造条件。

结合城乡规划，统筹建立排水防涝数字信息化管控平台，实现日常管理、运行调度、灾情预判和辅助决策，提高城乡排水防涝设施规划、建设、管理和应急水平；有条件的村镇，可逐步建立和完善独立的排水防涝数字化管控平台。

9.3.4 应急管理

强化应急管理，制定、修订相关应急预案，明确预警等级、内涵及相应的处置程序和措施，健全应急处置的技防、物防、人防措施。

发生超过内涝防治标准的降雨时，城建、水利、交通、园林、城管等多部门应通力合作，必要时可采取停课、停工、封闭道路等避免人员伤亡和重大财产损失的有效措施。

9.4 保 障 措 施

9.4.1 建设用地

将排水防涝及雨水资源化利用设施建设用地纳入村镇总体规划和土地利用总体规划，确保用地落实。

9.4.2 资金筹措

根据规划时序及各类排水防涝及雨水资源化利用设施属性，规划可行的资金筹措渠道及年度计划。

9.5 其   他

各地根据实际情况，提出其他有针对性的保障措施。

附录 A 雨 水 花 园

雨水花园是在浅的洼地（深约 3～45cm），种植当地的乔、灌木和花草等植物的工程性设施。其主要通过土壤和植物滞留、净化雨水，具有良好的景观效果。通常分为简单型雨水花园和换土型雨水花园。

A.1 适 用 条 件

A.1.1 雨水花园可构建在黏土、砂土等类型的土壤上，土壤渗透系数宜大于 $2×10^{-6}$ m/s。

A.1.2 简单型雨水花园一般适用于处理水质相对较好的小汇流面积的雨水，如村镇建筑的屋面雨水、污染较轻的道路雨水、城乡分散的单户庭院径流等。建设资金有限时也可采用简单型雨水花园。

A.2 功能、特点

A.2.1 减少雨水径流量、削减峰值流量。

A.2.2 净化雨水径流水质，减少径流污染。

A.2.3 下渗雨水，涵养地下水。

A.2.4 增加渗透面积，减少热岛效应。

A.2.5 美化环境，具有一定的社会效益和经济效益。

A.3 典 型 构 造

A.3.1 雨水花园由蓄水层、覆盖层、种植土壤层、砂滤层、排水层、溢流口等部分组成，见附图 A.3.1。

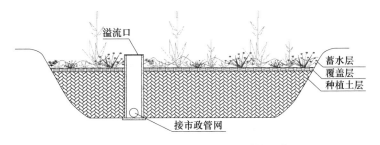

附图 A.3.1 雨水花园（简易）结构示意图

A.4 关键设计参数

A.4.1 为保障雨水花园内植物生长，可通过在土壤中掺入炉渣、碎陶粒等方式增加土壤渗透系数，增大土壤的渗透能力。

A.4.2 雨水花园尽量设在雨水易汇集的区域，但不宜设在因土壤渗透性太差而造成长时间积水的地方，否则需采取其他措施防止积水。

A. 4. 3 雨水花园最大服务汇水面积 5hm²，一般 0.5～2hm²，在线式设计最大服务汇水面积应控制在 0.5hm²。

A. 4. 4 雨水花园有效面积可按汇水区域的不透水面积的 5％～10％估算；服务区域的坡度应小于 12％。

A. 4. 5 雨水花园底部离常年地下水层至少 0.6m。

A. 4. 6 与建筑基础的最小距离为 3m，以免浸泡地基。

A. 4. 7 雨水花园关键设计参数见附表 A. 4. 7。

雨水花园关键设计参数取值推荐表

附表 A. 4. 7

组成	说明
蓄水区	深度为 15～22cm
覆盖层	厚度一般取 5～10cm
种植土层	种树木时厚度最小为 120cm，无树木时最小为 60cm
溢流装置	溢流装置顶部一般与设计最大水深齐平

附录 B 植 草 沟

植草沟是在地表沟渠中种有植被的一种工程性设施，一般通过重力流收集雨水并通过植被截流和土壤过滤处理雨水径流，可用作收集、输送雨水的生态设施。

B.1 适 用 条 件

植草沟适用于村镇道路两侧边沟，广场、晒场等不透水地面周边的绿地。条件（土质、坡度、景观等）适合时也可代替雨水管网，在完成输送排放功能的同时满足雨水的收集及净化处理的要求。

B.1.1 主要功能与特点

1 生态的雨水输送途径，截流径流污染物。

2 滞留雨水径流，削减径流峰流量。

3 增加绿地景观效果。

4 不占用专门土地，提高土地使用效率。

5 造价低，可节约管道建设维护费用。

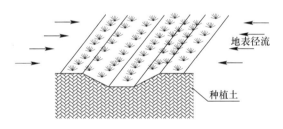

附图 B.1.1 植草沟结构示意图

B.2 关键设计参数

B.2.1 植草沟适合各种土壤类型，种植土壤不小于 30cm。

B.2.2 植草沟中心线距离建筑基础至少 3m，如果浅沟距离建筑物小于 3m，应于植草沟和建筑之间铺设防水材料。

B.2.3 植草沟所服务汇水面积不大于 1400m²（折合不透水面积），当植草沟长度过长（大于 100m）或穿路时可采用暗渠（管）配合输送雨水。

B.2.4 植草沟坡度大于 5%，长度超过 30m 时，可考虑增设台坎，以减少流速，增加入渗雨水量。台坎由卵石、砖块、木头或混凝土等材料制成，一般 7～15cm，每 4～6m 设置一处或每条浅沟设置 2 处。

B.2.5 植草沟断面形式宜采用抛物线形、三角形或梯形。

B.2.6 植草沟关键设计参数见附表 B.2.6。

植草沟部分设计参数取值推荐表 附表 B. 2. 6

设计参数	取值（范围）	设计参数	取值（范围）
浅沟深度	50～250mm	浅沟顶宽	0.5～2.0m
浅沟长度	宜大于 30m	草的高度	50～150mm
水力停留时间	宜大于 6～8min	最大径流速度	0.8m/s
侧面坡度	不超过 3∶1	浅沟纵向坡度	0.3%～5%
曼宁系数	0.2～0.3	—	—

附录 C 生物滞留设施

C.0.1 用于临时滞留和净化雨水，通过自然蒸发、土壤渗透、过滤、吸附、植物截留、生物降解，能够有效减少径流量、削减峰值流量和净化雨水，一般用于处理小汇流面积的雨水径流。按照覆盖类型可分为植被、植草和盖料 3 种类型（附图 C.0.1、附表 C.0.1）。

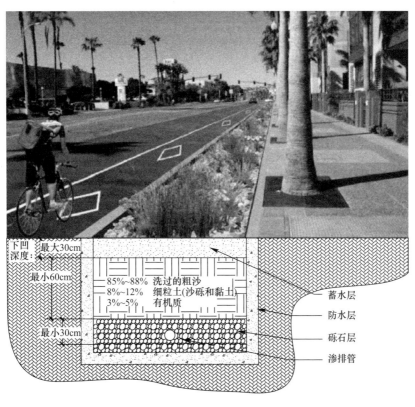

附图 C.0.1 生物滞留带构造图

生物滞留带设计参数取值推荐表　　　　　　　　　　　　　附表 C.0.1

项目	生物滞留设施
坡度	<1:3
预处理设施	道路、晒场雨水宜设置植草沟、植被过滤带等进行预处理；屋面雨水可不经预处理
设计规模	建设面积不宜小于 2m²、上游收水区范围不应大于 2hm²；可用面积较大时，尽可能选用多个小型的生物滞留设施，不宜做成一个面积较大的生物滞留设施
介质要求	蓄水层厚度一般为 200～300mm，并设置 100mm 的超高；覆盖层厚度一般为 70～80mm；种植土壤层厚度一般为 600～1200mm；隔离层厚度一般为不小于 100mm 的砂层；砾石层厚度一般为 300～1000mm

续表

项目	生物滞留设施
入流流速限制	盖料型雨水入流流速不应大于 0.3m/s；植被、植草型雨水入流流速不应大于 0.9m/s
排空时间	24h
植物选择	优选耐旱、耐淹、抗性强、易维护的乡土植物

C.0.2　生物滞留设施通常布置在产生径流的源头区域，包括道路绿化带、庭院住宅等附件区域。不宜建造在地面坡度大于 20% 的区域。

附录 D 植被缓冲带

D.0.1 植被缓冲带是具有一定宽度和坡度的植被带。径流流经草带时，经植被过滤、颗粒物沉积、可溶物入渗及土壤颗粒吸附后，不仅径流量得到一定的削减，而且径流中的污染物也得到部分去除。

D.0.2 适用条件

植被缓冲带多为坡度较缓的植被区，能接收大面积分散的降雨。一般有选择性地建在潜在的污染源与受纳水体之间，如沿水滨带的狭长型绿地；也可以设于道路两侧绿带及不透水铺装地面周边。

D.0.3 功能、特点

1 通过过滤、渗透、吸收、滞留等作用减少雨水径流中的沉淀物及氮、磷等污染物，从而减轻水体污染。

2 为河湖生态系统提供养分和能量。

3 调节流域微气候。

D.0.4 典型结构

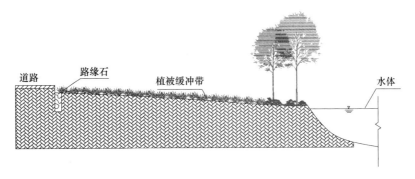

附图 D.0.4　植被缓冲带结构示意图

D.0.5 关键参数设计

植被缓冲带部分设计参数取值推荐表　　　　　附表 D.0.5

设计参数	取值（范围）	设计参数	取值（范围）
缓冲带深度	50～250mm	缓冲带顶宽	不受限制
缓冲带最小长度	尽量加大停留时间	最大径流速度	0.4m/s
最大边坡	不受限制	浅沟纵向坡度	0.3%～5%
草的高度	50～100mm		

附录 E 雨 水 塘

E.0.1 雨水塘是具有受纳、滞留和调蓄来自服务汇水面雨水径流功能的水塘，可分为两类：一类为湿塘，长期保持一定的水位；另一类为干塘，只有雨季才有水。

E.0.2 适用条件：雨水塘可应用于村镇集中居住区等具有较大空间的功能区，也可设置在需控制雨水径流量的区域。

E.0.3 功能、特点

　　1 控制峰流量，减少径流量，降低区域洪涝风险。

　　2 净化雨水径流，去除径流中 SS、N、P 和 COD 等污染物。

　　3 潜在的野生动物栖息地，营造良好的生态环境。

　　4 具有一定的景观价值和娱乐功能。

E.0.4 典型结构

　　雨水塘由进水口、前置塘（沉淀区域）、植物种植地带、主塘、护坡及驳岸、维护通道、溢流设施和出水口组成。

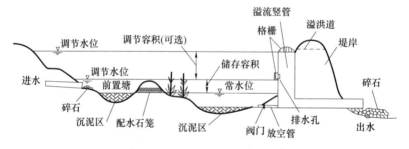

附图 E.0.4　雨水塘结构示意图

E.0.5 关键设计参数

雨水塘设计参数表　　　　　　　　　　　　附表 E.0.5

项目	干塘	湿塘
适用汇水面积（hm²）	4～10	10～100
水力停留时间（d）	7	7
有效深度（m）	1	1.5
平均水深（m）	0	1
底层厚（m）	0	0～0.25

　　1 雨水塘长宽比一般大于 3∶1，推荐的长宽比为 4∶1～5∶1。

　　2 雨水塘边坡坡度（垂直∶水平）应小于 1∶3。

　　3 由于湿塘常年有水，根据经验宜服务较大的汇水面积。

　　4 对湿塘，建议设计时进行水量平衡计算，确定合理的规模，达到更好的运行和景观效果。

附录F 雨水湿地

F.0.1 雨水湿地是一种通过模拟天然湿地的结构和功能，人工建造的、与沼泽类似的、用于径流雨水水质控制和洪峰流量控制设施。一般设计成防渗型以便维持雨水湿地植物所需要的水量，雨水湿地常与湿塘合建并设计一定的调蓄容积。

F.0.2 适用条件：雨水湿地可分为雨水表流湿地和雨水潜流湿地，一般可应用于村镇水质污染较严重的水域与陆地交界地区（如池塘、河湖旁）以及具有较大空间的村镇居住小区，也可设置在需控制雨水径流流量的地区。

F.0.3 功能、特点

1 净化雨水径流，去除径流中SS、N、P和重金属等污染物。

2 控制峰流量，降低区域洪涝风险。

3 减小雨水径流对下游设施的负荷冲击。

4 为野生动植物提供栖息地，具有良好的生态景观效果。

5 维护低、综合效益高。

F.0.4 典型结构

雨水湿地由进水口、前置塘（沉淀区域）、深/浅沼泽区、出水池（深水区）、溢流出水口、护坡及驳岸、维护通道组成。

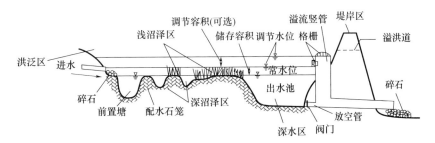

附图F.0.4 雨水湿地结构示意图

F.0.5 关键参数设计

1 深沼泽区水深为0.3～0.5m，浅沼泽区水深在0.3m以下。

2 湿地出水池水深约0.8～1.2m。

3 雨水湿地在设计时，部分参数可参考附表F.0.5-1的参数。

雨水湿地设计取值推荐表 附表F.0.5-1

项目	雨水湿地
适用汇水面积（hm²）	＞10
水力停留时间（d）	7
构筑物有效深度（m）	0.6
构筑物内平均水深（m）	0.3
构筑物底层厚（m）	0.25

4 雨水湿地常年有水，根据经验宜服务较大的汇水面积。

5 是根据实际经验，湿地各组成区域在整个湿地中所占的面积比例。

6 以上数据仅供参考，湿地各组成区域所占的面积比可根据各项目条件和实际要求适当调整。

7 雨水湿地岸边高程应高于溢流口 30cm 以上。雨水湿地应根据汇水面积、蒸发量、渗透量、湿地滞流雨水量等实际情况计算水量平衡，保证在 30 天干旱期内不会干涸。

湿地各区域所占的面积比例

附表 F.0.5-2

湿地各组成区域	面积比例
沉淀区域	10％
深水区	20％
低沼泽地带	35％
高沼泽地带	30％
干湿交替带	5％

附录 G 生态堤岸

G.0.1 生态堤岸又名自然堤岸，它尽可能利用自然条件达到植物等自然平衡和自然修复，构成一个良性的生态系统。在湖滨、河道范围内设置的用于雨水截污的终端技术设施，也可称为生态堤岸。生态堤岸可分为植物堤岸（低强度型堤岸）、木材堤岸（中等强度型堤岸）和石材堤岸（高强度型堤岸）等类型。

G.0.2 适用条件

适用于嘉兴市一定规模的河湖水体、景观水体、雨水塘和雨水湿地等，尤其是堤岸周边宽敞、坡度较小的地方。可采取适当措施将硬质驳岸改造成生态堤岸，从而降低径流流速，减少对水体的污染。

G.0.3 功能、特点

1 避免堤岸冲蚀，提高堤岸稳定性。

2 与水体发生物质交换，增强水体自净能力。

3 为生物提供栖息环境，为人们提供亲水环境。

4 与水体结合，具有良好的景观效果。

G.0.4 典型结构

生态堤岸主要由挡土墙、块石、种植土、植物和防渗膜等部分组成。

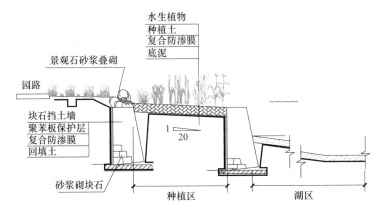

附图 G.0.4 生态堤岸结构示意图

附录 H 雨水渗透设施

H.1 渗透塘

渗透塘是利用地面低洼地、水塘或地下水池，收集、暂时贮存进入的雨水，随后将其渗入地下的雨水渗透设施，雨水下渗过程中，池内土壤/过滤材料的过滤作用及附着生长的微生物去除水体中污染物质。

H.1.1 渗透塘适用条件

渗透塘适宜设置在公园集中绿地、居住区绿地等较大面积的绿化空间内。渗透设施宜距离道路路基及建筑物地基一定安全距离。在对地下水水质有要求的区域采用渗透设施必须保证水质达标。

H.1.2 渗透塘典型结构

渗透（池）塘由进水口、植被、堤岸、维护通道、溢流设施、出水口组成。

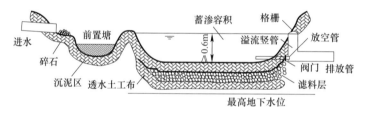

附图 H.1.2-1 渗透塘典型构造示意图

附图 H.1.2-2 渗透塘实景图

雨水渗透（池）塘关键参数设计　　　　　　　　　　　　　　附表 H.1.2

项目	渗透池/塘
水力停留时间 t(h)	<24
最小渗透系数 k(mm/s)	>13
最高水深 H(m)	<0.6

续表

项目	渗透池/塘
适用汇水面积（hm²）	＜5
渗透池容积V(m³)	$$V=10H\times\Psi\times A$$ 式中　H——设计雨量，mm（可取 30）； 　　　Ψ——径流系数； 　　　A——汇水面积，hm²

H.2　渗　　井

H.2.1　概念与构造

渗井指通过井壁和井底进行雨水入渗的设施，为增大渗透效果，可在渗井周围设置水平渗排管，渗排管周围铺设砾（碎）石。

H.2.2　设计要求

1　雨水通过渗井入渗前应通过植草沟、植被缓冲带等设施对雨水进行预处理。

2　渗井的出水管的内底高程应高于进水管管顶高程，但不应高于上游相邻井的出水管管底高程。

3　渗井调蓄容积不足时，也可在渗井周围连接水平渗排管，形成辐射渗井。辐射渗井的典型构造如附图 H.2.2 所示。

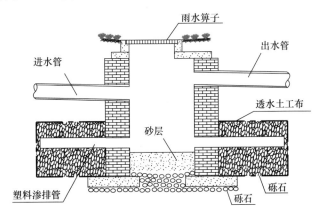

附图 H.2.2　渗井结构示意图

H.2.3　适用性

渗井主要适用于建筑与小区内建筑、道路及停车场的周边绿地内。渗井应用于径流污染严重、设施底部距离季节性最高地下水位或岩石层小于 1m 及距离建筑物基础小于 3m 的区域时，应采取必要的措施防止发生次生灾害。

H.2.4　优缺点

渗井占地面积小，建设和维护费用较低，但其水质和水量控制作用有限。

H.3　渗管/渠

渗透沟渠是在传统的雨水排放的基础上，将雨水管渠改为渗透管穿孔管或渗渠，周围回填砾石，雨水在构筑物输送过程中，通过埋设于地下的多孔管材向四周土壤层渗透，从而对水量和水质进行控制的设施。

H.3.1　渗透沟渠适用范围

渗透（沟）渠可设置在道路分车带绿地、公园绿地、宅旁绿地、居住小区道路绿地、停车场绿地等。渗透设施宜距离道路路基及建筑物地基一定安全距离。在对地下水水质有要求的区域采用渗透设施必须保证水质达标。

H.3.2　渗透沟渠特点

1　削减雨水径流量、减少雨水外排。

2　净化雨水径流，增加渗透面积。

3　下渗雨水，涵养地下水。

4　低维护少、可实施性强。

H.3.3　渗透沟渠典型结构

渗透（沟）渠包括穿孔管和管周围的填充砾石或其他多孔材料组成。

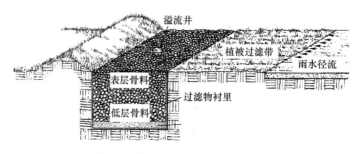

附图 H.3.3　渗透沟渠结构示意图

H.3.4　渗透沟渠关键参数设计

1　穿孔管可选 PVC 管、无砂混凝土或钢筋混凝土管，开孔率不少于 2%。

2　管外填充材料粒径范围在 10～20mm，外包土工布，以保证渗透顺利，土工布的搭接不少于 150mm。

3　渗透沟底应离季节性最高地下水位至少 0.6m。设施应设计在离水源地至少 120m 的地方，离化粪池系统 30m 远，且离建筑物地基至少 6m，离硬化下垫面至少 3m 的地方。

4　渗透沟渠的规模可参考附表 H.3.4 确定。

渗透沟渠推荐设计参数　　　　　　　　　　　　　　　　附表 H.3.4

渗管		渗渠	
设计参数	尺寸	设计参数	尺寸
滤料粒径（mm）	10～20	滤料粒径（mm）	10～20
覆土厚度（m）	0.7	无砂混凝土厚度（m）	0.05
管上部滤料层厚度（m）	0.2	渗透中心渠混凝土厚度（m）	0.05
管侧壁滤料层厚度（m）	0.3	渗渠侧壁滤料层厚度（m）	0.3
管底部滤料层厚度（m）	0.5	渗渠底部滤料层厚度（m）	0.5
土壤的渗透系数（mm/h）	＞7.5	土壤的渗透系数（mm/h）	＞7.5
适用汇水面积（h/m²）	＜2	适用汇水面积（h/m²）	＜2

附录 L 雨水调蓄设施

L.1 雨 水 罐

L.1.1 概念与构造

雨水罐也称雨水桶，为地上或地下封闭式的简易雨水收集回用设施，可用塑料、玻璃钢或金属制成。

L.1.2 适用性

适用于单体建筑屋面雨水的收集利用。

L.1.3 优缺点

雨水罐多为成型产品，施工安装方便，便于维护，但其储存容积较小，水质净化能力有限。

L.2 水   窖

L.2.1 概念与构造

水窖是采用得十分普遍的蓄水工程形式之一，在土质地区和岩石地区都有应用。在土质地区的水窖多为圆形断面，可分为圆柱形、瓶形、烧杯形、坛形等，其防渗材料可采用水泥砂浆抹面、黏土或现浇混凝土；岩石地区水窖一般为矩形宽浅式，多采用浆砌石砌筑。根据形状和防渗材料，水窖形式可分为：黏土水窖、水泥砂浆薄壁水窖、混凝土盖碗水窖、砌砖拱顶薄壁水泥砂浆水窖等。其主要根据当地土质、建筑材料、用途等条件选择。

由进水道、沉沙池、窖筒、窖台和窖身组成。进水道为暗管，连接沉沙池和窖；沉沙池沉淀泥沙，缓冲径流；窖台防止污流人窖，保护水质；窖筒连接窖口与窖身。

附图 L.1.1 雨水罐实景图

L.2.2 适用性

适用于单体建筑屋面雨水或村庄晒场、坡面雨水的收集利用。

L.2.3 优缺点

方便汇集雨水，特别是在西北村镇用途广泛。但是作为饮用水来说，水质容易受到污染，因而饮用水水窖要加明矾和漂白粉消毒；用水后及时加盖，水窖水深应经常保持在0.3m，防止干裂；及时消除淤泥。

L.3 调 节 塘

L.3.1 概念与构造

调节塘也称干塘，以削减峰值流量功能为主，一般由进水口、调节区、出口设施、护坡及堤岸构成，也可通过合理设计使其具有渗透功能，起到一定的补充地下水和水质净化作用。

L.3.2 设计要求

1 进水口应设置碎石、消能坎等消能设施，防止水流冲刷和侵蚀。

2 应设置前置塘对径流雨水进行预处理。

3 调节区深度一般为0.6～3m，塘中可以种植水生植物或耐水淹植物以减小流速、增强水质净化效果。塘底设计成可渗透时，塘底部渗透面距离季节性最高地下水位或岩石层不应小于1m，距离建筑物基础不应小于3m。

4 调节塘出水设施一般设计成多级出水口形式，以控制调节塘水位，增加雨水水力停留时间（一般不大于24h），控制外排流量。

5 调节塘应设置护栏、警示牌等安全防护措施。

L.3.3 调节塘典型构造

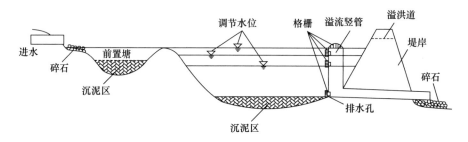

附图L.3.3 调节塘典型构造示意图

L.3.4 适用性

调节塘适用于建筑与小区、城市绿地等具有一定空间条件的区域。

L.3.5 优缺点

调节塘可有效削减峰值流量，建设及维护费用较低，但其功能较为单一，宜利用下沉式公园及广场等结合湿塘、雨水湿地构建多功能调蓄水体。

附录 M　初期雨水弃流设施

M. 0. 1　概念与构造

初期雨水弃流指通过一定方法或装置将存在初期冲刷效应、污染物浓度较高的降雨初期径流予以弃除，降低收集雨水处理难度。弃流雨水应进行处理，如排入市政污水管网（或雨污合流管网）由污水处理厂进行集中处理等。常见的初期弃流方法包括容积法弃流、小管弃流（水流切换法）等，弃流形式包括自控弃流、渗透弃流、弃流池、雨落管弃流等。初期雨水弃流设施典型构造如附图 M. 0. 1 所示。

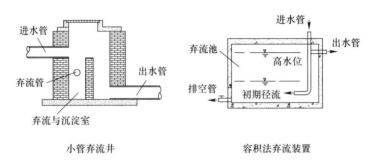

小管弃流井　　　　　　　容积法弃流装置

附图 M. 0. 1　初期雨水弃流设施示意图

M. 0. 2　适用性

初期雨水弃流设施是其他低影响开发设施的重要预处理设施，主要适用于屋面雨水的雨落管、路面径流的集中入口等低影响开发设施的前端。

M. 0. 3　优缺点

初期雨水弃流设施占地面积小，建设费用低，可降低雨水储存及水质处理设施的维护管理费用，但径流污染物弃流量一般不易控制。

附录 N 植物选择

N.1 植物选择的原则

N.1.1 基本原则

1 优先选择乡土植物。

2 不同物种搭配选择，增加生物多样性，但要确保物种之间不存在负面影响。

3 选择根系发达、净化能力强、耐水污染的植物。

4 植物要求能耐空气污染、土壤紧实等不良环境。

5 宜选择多年生及常绿植物，以减少养护成本。

6 重视植物的美学价值，提高雨水设施的景观效益。

N.1.2 植草沟、下沉式绿地、植被缓冲带的植被选择

1 宜选择恢复力较强，并能在薄砂和沉积物堆积的环境中生长的植物。

2 宜选择根系发达的植物，有助于污染物的净化及加固土壤，防止水土流失。

3 应选择既能耐短期水淹又有一定耐旱能力的植物。

4 植草沟宜选择抗雨水冲刷的、高度在 75～150mm 的草本植物。

N.1.3 雨水花园的植被选择

1 植物在蓄水区、缓冲区和边缘区这三个分区中的配植应充分考虑到不同植物的耐水、耐旱特性。根据不同分区、不同景观要求进行植物的选择与配植。

2 应选择既能耐短期水淹又有一定耐旱能力的植物。

3 应注意不同物种的搭配，既要提高雨水花园的景观效益，又要增加生物多样性。

N.1.4 嵌草砖的植被选择

1 应选择低矮、耐践踏的草本植物。

2 应选择既能耐短期水淹又能承受长时间干旱的植物。

N.1.5 雨水湿地、雨水塘

1 雨水湿地及雨水湿塘作为开放式水体，应根据不同的水深种植不同种类的水生植物。在雨水湿地的前置塘和深水区宜选择于较深水中生长良好的沉水植物、浮水植物和部分挺水植物；在深沼泽地带选择根系发达、净化能力强的挺水植物；在浅沼泽地带种植一些湿生植物以及水陆两栖植物；在堤岸区主要以种植湿生草本植物为主。

2 应注意不同物种的合理搭配，提高景观效益和增加生物多样性。

3 植物覆盖率（包括湿地中植物）宜达到 30%，可根据具体水质进行适当调整。

4 雨水干塘宜选择既能耐短期水淹又有一定耐旱能力的水陆两栖类植物，如黄菖蒲、鸢尾、千屈菜等。

N.2 植物养护的一般原则

N.2.1 检查有无病虫害。

N.2.2 检查植株是否拥挤，一般过 3～4 年时间分一次株。

N. 2. 3　清除杂草。

N. 2. 4　夏季高温干旱时及时浇水。

N. 2. 5　秋季时定期收割水生植物并进行有效处理（焚烧或制肥）。

N. 3　植物应用名录

N. 3. 1　陆生耐水植物

1　乔木：悬铃木、三角枫、重阳木、枫杨、湖北枫杨、垂柳、金丝垂柳、旱柳、榔榆、皂荚、池杉、落羽杉、墨西哥落羽杉、中山杉、大叶女贞、香樟、栾树、棕榈、乌桕、喜树、苦楝、香椿、黄连木、棠梨、白蜡、糖槭、桑树、柿树、君迁子、丝棉木、湿地松、构树（雄株）、意杨、加杨、大叶杨、沼生栎、柘树、龙柏、园柏、侧柏、刺柏、水松、桤木。

2　灌木：大叶黄杨、金边黄杨、夹竹桃、栀子、海滨木槿、木芙蓉、石榴、木槿、珊瑚树、胡颓子、六道木、紫穗槐、洒金珊瑚、中华蚊母、蚊母、八角金盘、金丝桃、金丝梅、金银木、火棘、海州常山、槭叶秋葵、柽柳、山矾、小叶女贞、柘树、湿地木槿、棣棠、中华胡枝子、美丽胡枝子。

3　藤本：爬山虎、凌霄、常春藤、云南黄馨、金银花、络石、紫藤、葡萄。草本：一叶兰、紫菀、美人蕉、花叶美人蕉、美国薄荷、鸭跖草、金鸡菊、文殊兰、香雪兰、萱草、鱼腥草、铜钱草、鸢尾、灯心草、石蒜、金叶过路黄、芭蕉、肾蕨、红花酢浆草、紫叶酢浆草、狼尾草、牵牛花、红蓼、凤尾蕨、吉祥草、半枝莲、佛甲草、柳叶马鞭草、婆婆纳、紫花地丁、葱兰、麦冬、金边麦冬、狗牙根。

N. 3. 2　水生植物

1　挺水植物：荷花、菖蒲、泽泻、莲子草、花叶芦竹、香附子、荸荠、千金子、千屈菜、雨久花、燕子花、鸭舌草、水芹、中华水芹、芦苇、水蓼、梭鱼草、藨草、水葱、荆三棱、金色狗尾草、再力花、水芋、荻、狭叶香蒲、宽叶香蒲、香蒲、菰。

2　浮水植物：满江红、莼菜、芡实、浮萍、田字萍、萍蓬草、睡莲、王莲、荇菜、槐叶苹、紫萍、菱、红菱。

3　沉水植物：金鱼藻、黑藻、大茨藻、小茨藻、水车前、龙舌草、菹草、微齿眼子菜、浮叶眼子菜、黄花狸藻、苦草、狐尾藻。

N. 3. 3　既耐水又耐旱植物

意杨、构树、枫杨、垂柳、旱柳、腺柳、金丝垂柳、乌桕、苦楝、桑树、柽柳、棕榈、榔榆、龙柏、园柏、侧柏、刺柏、紫穗槐。